QINGHUAJIAO YOUZHI GAOXIAO
SHENGCHAN JISHU

青花椒优质高效
生产技术

王景燕　龚　伟　主编

四川科学技术出版社

图书在版编目（CIP）数据

青花椒优质高效生产技术 / 王景燕，龚伟主编. --成都：四川科学技术出版社，2021.11
ISBN 978-7-5727-0354-6

Ⅰ.①青… Ⅱ.①王… ②龚… Ⅲ.①花椒－高产栽培 Ⅳ.①S573

中国版本图书馆CIP数据核字（2021）第214027号

青花椒优质高效生产技术

主　　编　王景燕　龚　伟

出 品 人　程佳月
责任编辑　胡小华
封面设计　墨创文化
责任出版　欧晓春
出版发行　四川科学技术出版社
成都市槐树街2号　邮政编码 6 10031
官方微博：http://e.weibo.com/sckjcbs
官方微信公众号：sckjcbs
传真：028-8 7734 035
成品尺寸　145 mm × 210 mm
印　　张　4.5　字数 90 千
印　　刷　四川省南方印务有限公司
版　　次　2021年11月第 1 版
印　　次　2021年11月第 1 次印刷
定　　价　24.00元

ISBN 978-7-5727-0354-6

邮购：四川省成都市槐树街2号　邮政编码：6 10031
电话：028-8 7734 035　电子信箱：sckjcbs@163.com

编写人员名单

主　　编　王景燕　龚　伟

编写人员　惠文凯　唐海龙　周朝彬　白文玉
舒正悦　周书玉　伍家辉　刘万林
康喜坤　吕　宸　塔森－萨巴（巴基斯坦）
吴焦焦　范江涛　刘先知　赵飞燕
王佩云　苏城怡　谢雨欣　王　凯
郑　皓　王恒力　邱　静　徐　静
吴　涵

内容简介

近年来，青花椒受到广大生产者和各级政府的密切关注，价格不断攀升，面积不断扩大，但在生产中仍存在不少问题，严重制约了其经济效益的提高。本书以青花椒优质高效生产为主线，阐述了青花椒栽培概况，详细介绍了青花椒生物学特性、现代青花椒生产的苗木繁育、建园、土肥水管理、花果管理、冻害和涝害的预防、病虫害防治等相关技术，内容实用，对生产实践有较强的参考价值。可供广大青花椒种植户、专业种植合作社技术人员、农技推广工作者、农业院校相关专业师生等阅读参考。

前 言

近年来，因果实为绿色而得名的“青花椒”逐渐进入人们的生活，并越来越受到市场的青睐。青花椒是我国重要的调味品、香料及木本油料树种之一。它生长快、结果早、耐干旱瘠薄，老百姓俗称“一年苗，二年条，三年四年把钱摇”，因此，受到广大生产者和各级政府的密切关注。青花椒的价格不断攀升，栽种面积不断扩大，生产中呈现出基地化生产、规模化开发、产业化经营、商品化运作的态势，但由于青花椒种植知识普及受限，种植中仍存在不少问题，严重制约了其经济效益的提高。为此，笔者根据多年从事青花椒科研、生产的经验，立足西南地区，结合当前国内外的新发展、新技术和新成果，编写了本书。

本书共分十大部分。第一部分为青花椒概述，第二部分为青花椒生物学特性及生长环境，第三部分为青花椒苗木繁育，第四部分为青花椒建园，第五部分为青花椒园地除草与间作，第六部分为青花椒园地土、肥、水管理，第七部分为青花椒整形修剪，第八部分为青花椒病虫害综合防治，第九部分为青花椒冻害与涝害预防，第十部分为青花椒花果管理和采后处理。

本书内容科学实用，可读性强，对生产有较强的指导作用，以期为我国青花椒产业高质量发展贡献绵薄之力。本书编写过程中引用了相关书籍和期刊文献的资料，这些资料对顺利完成本书编写发挥了重要作用，在此向这些资料的作者表示感谢。

本书获得了国家重点研发计划（2018YFD1000605、2020YFD1000701）、四川省林木育种攻关（2016NYZ0035，2021YFYZ0032）、新农村发展研究院雅安服务总站项目（2020-02）、农业农村部农业重大技术协同推广计划试点项目（2021-07）、国家现代农业产业技术体系四川特色经作创新团队项目（2020-2024）、四川省“天府万人计划”天府科技菁英项目（2019-388）和中央财政林业科技推广示范（2018-11）等项目的支撑和资助。

由于各地生产者都有非常丰富的经验，加之笔者阅历、水平和时间有限，书中如有疏漏和不当之处，敬请各位专家和广大读者批评指正。

编　者

2021 年 8 月

目 录

1 青花椒概述

青花椒因其果实成熟后果皮为青绿色而得名，其学名为竹叶花椒（*Zanthoxylum armatum* DC.），属于芸香科（Rutaceae）花椒属（*Zanthoxylum* L.）植物，为阳性树种，属双子叶主根系植物，侧根、须根多而发达，是著名的香料、油料树种。它不仅具有纯正麻味，而且还别具气味清香的特点，其果皮所具有的独特颜色和突出品质深受消费者喜爱。青花椒还可作药用，具有温中止痛、杀虫止痒的功能，可用于脘腹冷痛、呕吐泄泻、虫积腹痛和湿疹瘙痒等症状的治疗。此外，青花椒根系发达，固土能力强，具有良好的水土保持效果，是退耕还林中重要的生态经济树种。

1.1 分类地位、主要成分与利用价值

1.1.1 分类地位

据调查，果实表皮为绿色的花椒调味品在市场上统称为“青花椒”。主要品种有“汉源葡萄青椒”“广安青花椒”“藤椒”“蓬溪青花椒”“金阳青花椒”及“九叶青花椒”等，其共同特征是鲜果碧绿色、干果灰绿色。

在大量青花椒研究的文献中，其拉丁学名为 *Z. schinifolium* Sieb. et Zucc。但在《中国植物志》和各种地方植物志中，拉丁学名为 *Z. schinifolium* Sieb. et Zucc 的中文名叫法不一。《中国植物志》谓之青花椒；《辽宁植物志》和《河北树木志》谓之山花椒；《山东植物志》和《湖北植物志》谓之香椒子；《山西植物志》谓之青椒子、崖椒。在《四川植物志》和《云南植物志》中尚未发现有关此物种的相关记载。《中国药典》（2010）收录的中药材为青花椒（*Z. schinifolium* Sieb. et Zucc）或花椒（*Zanthoxylum bungeanum* Maxim.）的干燥成熟果皮。

四川农业大学林学院叶萌教授等人对四川金阳、峨眉、洪雅及重庆江津四地的青花椒做了大量调查，采集标本上千余份。经四川农业大学植物分类专家杨光辉教授鉴定，其学名均为竹叶花椒。张华等对重庆、金阳、峨眉等青花椒主产区进行调查和查阅相关文献认为，目前在市场上作为调味料使用的商品青花椒主要是竹叶花椒。该花椒因其叶片狭长，形状如竹叶而得名竹叶花椒，因其鲜果碧绿、干果灰绿色又被称为“青花椒”。因此，本书中将竹叶花椒统称为“青花椒”。

1.1.2 主要成分

青花椒中的主要成分有生物碱、酰胺、木脂素、挥发油、香豆素和脂肪酸，其中酰胺类物质是青花椒的主要麻味成分；挥发油又称精油，是一类植物源次生代谢物质，它是青花椒香气的主要成分，也是反映其内在品质的主要指标。酰胺大多为链状不饱和脂肪酸酰胺，其中以山椒素类为代表，除部分具有强烈的刺激性外，其他则为连有芳环的酰胺。挥发油成分主要为烯烃类，如柠檬烯、蒎烯、松油烯、月桂烯、桧烯、罗勒烯、侧柏烯和丁香烯等；醇类，如芳樟醇、松油醇和沉香醇等；酮类，如胡椒酮和薄荷酮等；还有醛类、环氧化合物（如1,8–桉树脑）、酯类和芳烃等。青花椒的这些化学成分对人类和其他动物的神经系统、消化系统和呼吸系统等疾病具有明显的抑制或治疗效果。

青花椒香气成分的含量在不同采收时期是有差异的，在采收青花椒时要把握好最佳时期，即果实表皮油囊色泽光亮时采收，太早或太晚都会影响青花椒的挥发油含量。椒果上的油囊，是储存挥发油的主要部位，采收和干制时都要防止其破损。否则，色泽变暗和香味降低会导致品质不佳，影响销售。

1.1.3 利用价值

（1）食物调料

青花椒果皮因富含川椒素、植物甾醇等成分，具有非常浓郁的麻香味，成为人们喜爱的调味品和现代副食品加工业的重要佐料。青花椒全株都含有麻味素和芳香油，尤其在果皮中含量最高，可为4%～9%。用果皮作调料，可去腥气，刺激唾液分泌，有助消化。在气候温暖潮湿的地区，放入菜肴中，可开胃健脾、通畅汗腺、增强体质。嫩枝叶、花椒芽可直接炒食或作炒菜的调料。鲜椒果可入菜，如制作藤椒鸡、藤椒鱼等，深受食客喜爱。

（2）食品及工业原料

从青花椒果皮中提取的芳香油，可作食品香料和香精原料。青花椒种子的含油量为25%～30%，高于大豆（20%～22%）、棉籽（17%～27%）的含油量，出油率为22%～25%。青花椒油中富含棕榈酸、棕榈油酸、软脂酸、亚油酸、亚麻酸等，是高级食用油，属于干性油。同时，青花椒油的皂化值（191～198）较高，是制作肥皂、涂料、油漆、润滑剂、洗涤剂、皮革厂制革剂的好原料。叶片芳香油中含量较高的香叶烯是重要的玫瑰型香精，被广泛用于配制化妆香精和皂用香精。

（3）中药材

花椒自古以来就是一味很好的中药材。花椒果皮入药，多用作驱风药、健胃药，有温中、止痛、驱虫之效。种子入药，行水下气，主治水肿、痰湿咳嗽。明代著名药物学家李时珍在《本草纲目》中记载“花椒散寒除湿、解郁结、消宿食、通三焦、温脾胃、补右肾命门、杀蛔虫、止泄泻”“花椒坚齿、乌发、明目，久服，好颜色，耐老，增年健神，入右肾补火、治阳衰”。中医认为，花椒性味辛热，有温肾暖脾、逐寒燥湿、补火助阳、杀虫止痒等功效。

（4）其他用途

青花椒的花中含花蜜，是很好的蜜源植物；根系发达，固土能力强，能减少水土流失，起到环境保护的作用；枝有锐刺，丛生性强，可短截培养为庭院周围防护刺篱；植株各部位含有呋喃香豆素和较强亲脂性的补骨素类，对某些细菌和真菌有强烈的抑制作用，把椒叶、椒果放入衣柜、粮食仓库中可防虫害；椒果与辣椒、八角做成香包放入泡菜坛中，作为芳香性防腐剂，可以防止盐水生花，增加泡菜香麻味等。

1.2 栽培与品种概况

1.2.1 栽培概况

青花椒在我国南方地区均有分布，随着各地菜肴推广，尤其是在川菜中的广泛使用，使原来野生或半野生的青花椒已经在四川、重庆、云南和贵州等地大面积人工种植。

1.2.2 主要品种及其特征

（1）汉源葡萄青椒

汉源葡萄青椒，因果穗结果后形似葡萄串而得名。该品种定植后 2 ~ 3 年可开花结果，适宜在海拔 1 700 米以下，年平均气温 16 ℃左右，年日照时数 1 100 ~ 1 400 小时，年降雨量 700 ~ 1 200 毫米，土层厚度 50 厘米以上，土壤 pH 5.5 ~ 8.0，排水良好的丘陵和山地砂壤、黄壤和紫色土的竹叶花椒适生区种植。

品种特性：落花落果轻微，枝条抽生能力强，树体强健，结果枝组易更新，丰产性和稳产性好，抗旱和耐土壤瘠薄及抗病和抗寒能力较强，在干热干旱和湿热多雨地区均具有较强的生长适应性。

（2）广安青花椒

广安青花椒定植后 2 ~ 3 年开花结果，5 ~ 6 年进入盛果期。植株结实能力强，春季、夏季和初秋抽生的枝条在第二年均可开花结果。适宜在海拔 800 米以下，年平均气温 16℃左右，土壤 pH 5.5 ~ 8.0，排水良好的丘陵及周边气候相似的竹叶花椒适生区种植。

品种特性：早期丰产性较好，早熟性较突出，对湿热和高温干旱有较强的耐受力。

（3）藤椒

因其枝叶披散、延长状若藤蔓，故名“藤椒”。适宜在四川盆地、盆周海拔 1 200 米以下，年降雨量 1 400 毫米左右，土壤 pH 5.5 ~ 7.5 砂壤、紫色土和黄壤的竹叶花椒适生区种植。其油囊较大，挥发油含量较高，为 8.9% ~ 10.2%。稳产性好，大小年不明显。

品种特性：适于湿润、多雨、寡日照气候，丰产性、稳产性好，麻香味浓，品质上乘。

（4）蓬溪青花椒

蓬溪青花椒为阳性树种，对气候、土壤、温度的适应能力较强，在四川盆地海拔 300 ~ 600 米，年平均气温 14.0 ~ 17.8 ℃，年日照时数 1 000 小时以上，年降雨量 500 ~ 1 100 毫米；土壤 pH 7.0 ~ 8.5 之间的紫色土上均适宜种植，以蓬溪、大英、岳池、盐亭、乐至等川中丘陵区为适宜种植区。

品种特性：麻味浓烈持久，香气浓郁纯正。不挥发性乙醚提取物 ≥ 7%、醇溶抽提物 ≥ 17%、挥发油含量 ≥ 6%、蛋白质含量 ≥ 11%。

（5）金阳青花椒

该品种原产凉山彝族自治州金阳县金沙江干热河谷，耐旱、耐热、适应性强，适宜在年平均气温 16 ~ 20 ℃，年降水量 600 ~ 1 000 毫米，年日照时数 1 600 小时，海拔 800 ~ 1 800 米，土壤 pH 7 ~ 7.5 的砂壤、红壤、燥红土、棕壤土、紫红土，以及成土母质为玄武岩、沙页岩、河流冲积物、洪积物形成的土壤上栽植。

品种特性：树冠高大，果实绿色，干椒暗绿色，色泽均匀、香气浓郁，挥发油含量高（9% ~ 13%）。

（6）九叶青花椒

因叶片上有 9 片小叶而得名。为喜温不耐寒品种，适宜在年平均气温 12 ~ 18 ℃，年降雨量 600 毫米以上，海拔 300 ~ 800 米的地区种植。该品种树势强健，在正常管护条件下，生长快、结果早、产量高，一年生苗可达 1.2 米高，若用正常合格的一年生苗定植，第二年即开花结果，株产鲜椒 1 千克左右，第三年单株可产鲜椒 3 ~ 5 千克。

品种特点：果实清香，麻味纯正。但该品种易受冻害，因此要注意园地选择与越冬防寒。

（7）荣昌无刺花椒

该品种的枝干皮刺小且极稀少，近无刺。适宜在海拔 300 ~ 800 米，年平均气温 8.0 ~ 17.8 ℃，年日照时数 1 200 ~ 1 800 小时，年降雨量 500 ~ 1 100 毫米，土壤 pH 5.0 ~ 8.0 的山地酸性红（黄）壤、丘陵微酸性至微碱性紫色土壤的竹叶花椒适生区种植。

品种特点：长势健壮，结果早，果穗大，丰产性、稳产性好，适应性强。枝刺稀少或无，采摘方便。

2 青花椒生物学特性及生长环境

2.1 形态特征

青花椒，常绿或半常绿灌木或小乔木，树冠较大，树势强健、披散，嫩枝绿色，成枝灰绿色，无毛，有短小皮刺。小叶3～9片，偶见11片，椭圆形或椭圆状披针形，长1～4厘米，宽0.2～1.2厘米，顶端钝尖而微凹，基部楔形，边缘有细锯齿，齿缝间有腺点，表面绿色有细毛，背面苍绿色，疏生油点。伞房状圆锥花序顶生；花单性，花被片5片，有萼片和花瓣的分化；雄花的雄蕊5枚，药隔顶端有色泽较深的油点1颗；雌花心皮3个，几乎无花柱，成熟心皮1～3个。种子黑色，有光泽。花期在3月至4月，果熟期在7月至9月。

就外观而言，青花椒果实多为2～3个上部离生的小蓇葖果，集生于小果梗上，呈球形，沿腹缝线开裂，直径3～4毫米。外表面灰绿色或暗绿色，散有多数油点及细密的网状隆起皱纹，内表面为白色、光滑。内果皮常由基部与外果皮分离。种子呈卵形，直径2～3毫米，表面黑色，有光泽，气香，味微麻而辛。

青花椒为浅根性树种，根系由主根、侧根和须根组成，主根不明显，长度一般在 20 ~ 40 厘米，最深根系分布可达 1.5 米。主根上一般可分生出 3 ~ 5 条粗而壮的一级侧根。一级侧根呈水平状向四周延伸，同时分生出小侧根，构成强大的根系骨架。青花椒侧根较发达，较粗侧根多分布在 40 ~ 60 厘米深的土层中。有的侧根水平延伸可达 5 ~ 6 米远，达到冠幅的 2 倍以上。由主根和侧根上发出多次分生的细短网状须根，须根上再长出大量细短的吸收根，作为吸收水肥的主要部位，较细的须根和吸收根集中分布在 10 ~ 40 厘米的土层中。

2.2 生物学特性

青花椒是阳性树种，喜欢光照充足和干燥温凉的气候环境，比较耐旱；在年平均气温 12 ~ 20 ℃，年降雨量 500 ~ 1 400 毫米的地区，能够良好生长；但青花椒不耐涝，长时间积水会导致椒树死亡；青花椒对生长环境的适应能力较强，耐贫瘠，在低山丘陵地区酸性、中性或微碱性紫色土上均可种植。

2.2.1 个体发育过程

青花椒从种子萌发、生长到衰老死亡的全过程叫生命周期，或称个体发育过程。一般寿命 30 ~ 40 年，最长可达 50 年左右。青花椒个体发育过程需经历幼树期、初果期、盛果期及衰老期 4 个阶段，每个阶段表现出不同的形态特征和生理特点。

（1）幼树期

青花椒从出苗到开始开花结果之前的发育时期为幼树期，也叫营养生长期。幼树期一般 2 年，其生长特点是：以顶芽的单轴生长为主，营养生长旺盛，是树冠骨架建造的重要时期。

这一时期的中心任务是加强水肥管理，加速生长，迅速扩大树冠。同时进行合理整形，调节干枝间的生长势，使其构成完整的树冠骨架，为早结果、早丰产打下基础。

（2）初果期

从开始开花结果到进入大量结果的一段时期叫初果期，也叫生长结果期。青花椒树一般栽后第2年就有少量的开花结果，3～4年后挂果量持续增加。这一时期的生长特点是：在初结果的前期树体生长依然旺盛，骨干枝条向四周不断延伸，树冠迅速扩大，是树冠形成和扩张最快的时期。此时，由于树体制造的养分主要用于生长，使得单株产量偏低。但随着树龄的增大，树体发育由营养生长向生殖生长转变。到后期，结果枝花芽量增加，结果量逐渐递增。此期树体骨架进一步形成，并基本配齐，树体发育由营养生长占优势转为营养生长与生殖生长趋于平衡。

该期栽培上的主要任务是，尽快完成骨干枝的配备，培养好主枝和侧枝，保证树体健壮生长。多培育侧枝和结果枝组，为获取高产奠定基础。

（3）盛果期

从开始大量结果到树体衰老以前的一段时期为盛果期，也叫结果盛期。此期结果枝大量增加，大量结果，产量可达到高峰，株产鲜椒可达5～12千克，根系和树冠的扩展范围都达到最大限度，树势开张，树体生长逐步减弱，骨干枝的增长速度减缓，生长主要集中在小侧枝上。树冠外围绝大多数枝成为结果枝，骨干枝的延长枝与新梢已无明显区别。盛果期一般可持续15～20年，管理好的甚至可达到30年左右。但在后期，骨干枝上光照不良部位的结果枝会出现干枯死亡现象，内膛逐渐空虚，结果部位外移，如果管理不当就会出现大小年现象，加快衰老。

盛果期是青花椒栽培获得最大经济效益的时期，因此该期栽培上的主要任务是稳定树势；防止大小年结果发生，推迟衰老期出现，延长盛果期年限，保证连年稳产和高产。由于该期大量结果，营养物质消耗较大，因此应适时浇水、施肥和加强修剪，防治病虫害。

（4）衰老期

青花椒从树体开始衰老到死亡的这段时期叫衰老期。在一般情况下，树龄 20 ~ 30 年后开始进入衰老期。青花椒树在把绝大部分营养连年用于不断增加结果量的状态下，营养枝及根系增加很少，树体吸收和制造的养料大量用于维持结果需求，最终导致树体长势逐渐衰退，主枝、果枝逐渐老化，树体逐渐进入衰老期。在衰老初期，树体生活功能衰退，抽生新梢能力逐渐减弱，根系、枝干逐步老化，内膛和背下结果枝开始枯死，结果枝细弱短小，内膛萌发大量细弱徒长枝，产量不断下降。衰老后期，二级、三级侧根和大量须根死亡，部分主枝和侧枝枯死，内膛出现大的更新枝，向心生长明显增强；同时，坐果率大幅降低，果穗很小，产量大幅下降。

这一时期栽培管理的主要任务是加强肥水管理和树体保护，延缓树体衰老。同时充分利用内膛徒长枝，有计划地进行局部更新，使其重新形成新的树冠，以恢复树势，保证获得一定的产量。

2.2.2 周年生长特点

（1）根系及其生长发育

青花椒地面根颈以下的部分总称为根系，由主根、侧根和须根组成。青花椒为浅根性树种，主根不明显，根系垂直分布较浅，水平分布范围很广；其主根上分生出 3 ~ 5 条粗而壮的一级侧根，较发达，呈水平状向四周延伸，多分布在 40 ~ 60 厘米的土层中；须根是主根和侧根上发出的细而多次分生的细短网状根，从须根上生长出大量细短的吸收根，是青花椒吸收水肥的主要部位，集中分布在 10 ~ 40 厘米的土层中，须根和吸收根集中分布在树干距树冠投影外缘 0.5 ~ 1.5 倍的范围内。

青花椒根系生长随土壤温度和树体营养的变化而变化，由于低温的限制，根系生长表现为一定的周期性，一般情况下，根系开始生长早于地上部分。春季，当土壤 10 厘米深处地温达 5 ℃以上时，根系开始生长。一年里有 3 次生长高峰期，第一次生长高峰期出现在萌芽前后（3 月中旬至 4 月上旬），第二次生长高峰期在 5 月中旬至 6 月上旬，第三次生长高峰期在 9 月下旬至 10 月中旬，此时产生许多白色吸收根，但发根时间长，且密度较第一次和第二次都小。之后，随着土壤温度的下降，根系生长越来越缓慢，逐渐停止生长，进入休眠状态。

青花椒根系具有强烈的趋温性和趋氧性，喜欢在疏松透气土壤中生长。在雨季低洼种植地，常因积水不能及时排除，造成根系供氧不足和地温下降而出现突然死亡的现象。

（2）枝及其生长发育

青花椒树地面根颈以上的部分，包括主干、枝条、芽、叶、花、果实等。

①枝的类型

按照枝条在树体上的部位，可分为主干、主枝、侧枝、新梢等。

主干：从地面到第一主枝之间的树干部分。青花椒树干性不强，一般主干高度为40厘米左右。

主枝：主干以上的永久性大枝。

侧枝：着生于主枝上的永久性大枝。

树冠：主干以外的整个树貌，其骨架由主枝和侧枝构成，是着生其他器官的基础，也是水分和营养物质输导渠道和储藏营养物质的主要场所。

新梢：由叶芽新萌发出的带叶枝条，分为春梢、夏梢和秋梢。春梢是从发芽开始到4月上旬生长的枝条；夏梢是5月后，在夏季由春梢顶端继续萌发生长的一段枝梢，此时抽发的新梢要及时剪除，以免和果实竞争营养，影响果实生长；秋梢是6月至7月从树体上萌发的芽，或经采收修剪一体化后，由基部隐芽在强修剪后萌发的芽，经8月至10月生长而形成的新枝条，此抽发的新枝条可以培养成为翌年的结果枝。

按枝条生长年龄，可分为一年生枝、二年生枝和多年生枝。

按枝条生长发育的特征，可分为发育枝、徒长枝和结果枝。

发育枝，又叫生长枝，是由叶芽萌发而来，它只发枝叶而不开花结果，是扩大树冠和形成结果枝的基础，也是树体营养物质合成的主要场所。发育枝在幼树期和初果期形成较多，保持一定数量的发育枝，是青花椒树体旺盛生长、连续丰产和结果枝不断更新的必要保证。

徒长枝，又叫竞争枝，是一种比较特殊的营养枝，由多年生枝上的潜伏芽在枝、干被折断或受到剪截刺激后从刺激部位萌发而成，它生长旺盛，直立粗壮。徒长枝多着生在树冠内膛和树干基部，生长速度往往较快，发育不充实，消耗养分较多，影响树体的生长和结果。通常徒长枝在盛果期及幼龄期、初果期多不保留，应及早疏除；在盛果期后期到树体衰老期，可根据空间和需要，有选择地改造成结果枝组或培养成骨干枝，更新树冠。

结果枝，是着生果穗的枝条，由混合芽萌发而来。结果初期，树冠内结果枝较少，进入盛果期后，树冠内大多数新梢成为结果枝。结果枝按其长度可分为长果枝、中果枝和短果枝。各类结果枝的结果能力，与其长度和粗度有密切关系，一般情况下，粗壮的长、中果枝的坐果率高，果穗大；细弱的短果枝坐果率低，果穗小。各类结果枝的数量和比例，常因品种、树龄、立地条件和栽培管理技术水平不同而异。一般情况下，结果初期树结果枝数量少，而且长、中果枝比例大；盛果期和衰老期树，结果枝数量多，且短果枝比例高；生长在立地条件较好的地方，结果枝长而粗壮；生长在立地条件较差的地方，结果枝短而细弱。

②枝的生长发育

当春季气温稳定在 10 ℃左右时青花椒新梢开始生长，枝条的生长可分为以下几个阶段：

第一次速生期：从青花椒 3 月份萌芽、展叶、抽出新梢到 5 月上旬椒果开始迅速膨大前为第一次速生期，历时 2 个月左右，在第一次速生期的前期，枝条主要利用树体积累的营养，但当新生叶片健全后，转变为利用当年光合作用所制造的营养。第一速生期枝条的生长量可占到全年的 35% ~ 50%。

缓慢生长期：从 5 月中旬到 6 月上旬的高温时期，青花椒新枝的生长转缓，历时 20 ~ 25 天。此时果实也终止膨大，逐渐进入成熟初期，开始营养物质的积累和转化，种子发育充实、变硬、变黑，但果皮还是青绿色的。

第二次速生期：从采椒后隐芽萌发出新梢到枝条长度为 100 厘米左右的这个时期为枝条第二次速生期，这一阶段持续 50 天左右。枝条在第二次速生期的生长量占到全年的40%左右，且这次抽生的枝条是下一年的结果枝，决定着来年的产量。

新梢木质化期：从9月中旬到10月中旬，秋梢枝条生长逐渐转缓，直至停止生长。此时，枝条积累营养，逐渐木质化，使得采收修剪后新抽发的枝梢木质化，以利于越冬。此时若未能进行有效的管理，会导致当年生枝条木质化不充分，越冬时因抗寒性差而可能受冻干枯。所以，在青花椒果实采收修剪一体化后，应适时抑制枝条徒长，加强水肥管理、促进枝条的木质化和饱满芽的形成，为来年的丰产奠定基础。

（3）芽及其生长发育

①芽的类型

芽是青花椒发枝、生叶形成营养器官和开花、结果的基础。青花椒的芽为并生腋芽。根据芽的形态、结构和发育特性，可将青花椒芽分为混合芽、营养芽和潜伏芽等几种类型。

混合芽：又叫花芽。芽体饱满，呈圆形，着生在一年生枝的中上部。花芽内既有花器的原始体，又有雏梢的原始体，因此花芽春季萌发后，先抽生一段新梢（也叫结果枝），然后再在新梢顶端抽生花序、开花、结果。一般着生在结果枝顶端及其以下1～4个叶腋内的花芽数量较多。着生在枝条顶端的花芽形成的果序较大，着生在叶腋的花芽形成的果序较小。青花椒在盛果期很容易形成花芽，一般生长健壮的结果枝上部2～4芽均为花芽。发育枝、中庸偏弱的徒长枝当年也可以形成花芽。

潜伏芽：又叫隐芽、休眠芽、不定芽，是在正常情况下不萌发的一种叶芽。潜伏芽着生在发育枝、徒长枝和结果枝的下部或基部。其芽体瘦小，发生时期和位置不固定，故也叫不定芽。潜伏芽寿命长，生活力可维持几十年。当受到修剪刺激或进入衰老期后，潜伏芽可萌发出较强壮的徒长枝。现在四川盆周低山丘陵地区、重庆及贵州等地区常采用的青花椒采收修剪一体化技术就是利用青花椒潜伏芽的这一特性进行的高效丰产栽培管理方式，也可利用这个特性进行衰老树的更新。

营养芽：指萌发后只抽生出营养枝的芽，又叫叶芽。叶芽小而光，位于发育枝、徒长枝、萌蘖枝上。叶芽的形态因着生部位不同，差异较大，一般顶芽较长、芽茎细、复叶状鳞片肉质、包裹松散；其余部位的叶芽外观上与花芽差异不大，只是芽体较小些。

②芽的生长发育

除潜伏芽外，青花椒的叶芽和花芽一般从上一年的 9 月份开始分化形成，到翌年 3 月至 4 月份气温达到 12 ℃左右时萌发、抽出新梢，6 月至 7 月份采收修剪一体化后，潜伏芽重新发育成新梢，然后又开始分化形成芽。一般从芽分化形成到萌发需 9 ~ 10 个月。

（4）叶及其生长发育

叶片生长几乎与新梢生长同时开始，随新梢生长，幼叶开始分离，并逐渐增大加厚，形成固定大小的成叶，发挥光合功能。叶片生长的快慢、大小和多少，除与春季萌发后的气温有关外，还与前一年树体内贮藏的养分密切相关。一般来说，树体贮藏养分少，枝叶形成速度就慢，数量也少；相反，温度越高、树体贮存的养分越多，叶形成的速度就越快，数量就越多。

生长健壮的青花椒树，叶片大，叶色浓绿，而生长弱的树则相反。每一枝条上复叶数量的多少，对枝条和果实的生长发育及花芽分化的影响很大。一般着生 3 个以上复叶的结果枝，才能保证果穗的发育，并形成良好的混合芽；着生 1 ~ 2 个复叶的结果枝，特别是只着生 1 个复叶的结果枝，其果穗发育不良，也不能形成饱满的混合芽。因此，生产中既要促进生长前期新梢的加速生长，加快叶片的形成，产生较多叶片，又要加强中后期管理，保护好叶片，防止叶片过早老化，维持较好的叶片光合功能，促进树体养分的积累和贮藏。

（5）花芽分化与开花结果

花芽分化是指叶芽在树体内有足够的养分积累和外界光照充足、温度适宜的条件下，向花芽转化的全过程。它是青花椒年生长周期中一个十分重要的生理过程，其数量和质量直接影响着第二年青花椒的产量和品质。青花椒花芽分化开始于 9 月下旬，9 月下旬至 10 月上旬起各混合芽相继进入分化期，10 月中旬起开始花序分化，从 11 月上旬起进入花蕾分化期，11 月下旬进入萼片分化期，受低温影响，芽体萌动速度变缓，12 月下旬起少数花芽形成子房原基，1 月下旬至 2 月初，柱头原基逐渐发育形成完整柱头。3 月初后，雌花原基完成分化，芽体开始萌动，花序轴不断伸长，花芽分化完成。花芽分化是开花结果的基础，受很多内在因素和外界条件的影响，其中树体营养物质积累水平和外界光照条件是影响花芽分化的主要因素。树体内营养物质的积累则取决于叶片的光合功能和光合产物的分配利用两个方面，光照条件则取决于当地光照强度、光照时间及树冠通风透光状况。光照充足、营养物质积累多，花芽分化就会数量多、分化充实、质量好。因此，增强叶片光合能力，减少树体营养物质不必要的消耗，选择光照条件好的园地，保持树冠通风透光，是促进花芽分化的主要途径。

青花椒花芽萌动后，先抽生出结果枝，当结果新梢第一复叶展开后，花序逐渐显露，并随新梢的伸长而伸展，发育良好的花序长约10厘米。花序伸展结束后1～2天，花开始开放。花被开裂，露出子房体，无花瓣，1～2天后柱头向外弯曲，由淡绿色变为淡黄色，分泌物增多，柱头弯曲后4～6天变为枯黄色，随后枯萎脱落，子房开始膨大，形成幼小椒果，即完成坐果。果实的生长发育，大体需经历坐果期、果实膨大期、果实速生期、果实缓慢生长期和成熟期5个时期。

坐果期：指青花椒从子房膨大、形成幼果，到4月上旬果实长到一定大小，结束生理落果的一段时期，一般持续30天左右。

果实膨大期：指4月中旬到4月下旬果实迅速膨大的一段时期，此期持续15天左右，果实长到一定大小，生理落果基本停止。这一时期的营养充足供应是丰产的关键。

果实速生期：指从柱头枯萎脱落开始，果实快速生长的一段时期。该期果实的生长量可占到全年果实生长量的90%以上。

缓慢生长期：指果实速生期过后，体积增长基本停止的一段时期。该期主要是果皮增厚，种仁充实，果实重量继续增加。

商品果成熟期：指果实外果皮仍为绿色，但表面疣状突起明显，腺点（油囊）透亮、有光泽的一段时期。该期种子逐渐变为黑色，种壳变硬，种仁也由半透明模糊状变成白色。

成熟期：指外果皮变为红色或紫红色，有少数果皮开裂，标志果实已充分成熟的时期。若要留种，应尽量推后采收，以使种子充分成熟，大约在9月中旬种子完全成熟后采种。

果实在发育的过程中，常因营养不足和环境条件不良而引起落花落果。营养来源主要是树体贮藏的养分和入春以来的水肥供应，贮藏养分多，结果母枝粗壮，水肥供应充足，结果枝就生长健壮。一般情况下，结果母枝和结果枝粗壮的树坐果率较高，可达 40% 左右；结果母枝和结果枝细弱的树坐果率就低，仅为 20% 左右。不良环境条件，如低温冻害、长期干旱、病虫滋生、枝条过密、光照不足、雨水过多等，都易引起大量落果。

2.3 生长环境

2.3.1 温度

温度是气候因素中最重要的因素，对青花椒的生长发育及产量有着重要的影响。青花椒是喜温但不耐寒的树种。年平均气温为 16 ℃左右的地区为最适种植区，年平均气温在 12 ~ 15 ℃的地区为适宜种植区，如果当地年平均气温低于 12 ℃，虽然有栽培，但易发生冻害，青花椒越冬困难，不宜种植。

当春季气温回升变暖，日平均气温稳定在 8 ℃以上时，青花椒芽开始萌动，日平均气温达到 10 ℃左右时，萌芽开始抽梢。青花椒花期适宜的日平均气温为 16 ~ 18 ℃，开花期的早晚与花前 30 ~ 40 天的平均气温、平均最高温度密切相关，气温高时开花早，气温低时开花晚。青花椒果实发育适宜的日平均气温为 20 ~ 25 ℃。

2.3.2 光照

光照条件直接影响树体的生长发育和果实的产量与品质。青花椒是强阳性喜光树种，一般要求年日照时数不得少于 1 000 小时。在光照充足的条件下，树体生长发育健壮、病虫害少、产量高、品质好；光照不足时，枝条生长细弱、分枝少、果穗和果粒都小、病虫害多、产量低。在青花椒开花期如果光照良好，坐果率则会明显提高；但如遇阴雨、低温等天气，则易引起大量落花落果。就一株树而言，树冠外围光照条件好、内膛光照条件差，则外围枝花芽饱满、坐果率高、成熟期早，而内膛枝花芽瘦小、坐果少、成熟期相对较晚。若内膛长期光照不足，就会引起内膛结果枝枯死，结果部位外移。因此，在建园时要考虑当地的日照时数，做到密度适宜、合理密植，保证树冠获得充足的光照。在栽培管理上，注意合理整形修剪，加强树冠的通风透光，促进树冠内外结果均匀。

2.3.3 水分

青花椒抗旱性较强，对水分要求不高，一般年降雨量 500 毫米、降雨分布均匀，可基本满足其生长发育。在年降雨量 500 毫米以下，且 5 月份以前降水较少的地区，可于萌芽前和坐果后各浇水 1 次，也能满足青花椒正常生长和结果对水分的需求。水分过多，易发生病虫害，且因湿度过大、热量减少，反而不利于青花椒生长与果实膨大成熟，严重的甚至造成根系窒息死亡；水分过少，易造成干旱，生长前期影响开花结果造成生理落果，后期果实膨大期不利于物质的积累，易导致减产。特别是 3 ~ 5 月，进入开花结果期，对水分十分敏感，需水量较多。而且，青花椒根系分布浅，难以忍耐严重干旱，当土壤含水量较低时叶片会出现轻度至重度不等的萎蔫现象，如果土壤含水量进一步降低时可能会导致植株死亡。另一方面，青花椒根系耐水性差，土壤含水量过高和排水不良，都会使树体生长不良甚至死亡，在四川省汉源县和崇州市的调查发现，生长季节青花椒园灌水过量、土壤过湿时间长或一定程度的降雨水涝都可能会导致植株死亡。

因此，青花椒不宜栽植在低洼易涝处，灌水时应避免椒园土壤长时间过湿或积水。

2.3.4 土壤

土壤是青花椒水分和养分供给的场所，良好的土壤条件对青花椒的生长发育、开花结果和产量品质都有着十分重要的影响。青花椒根浅，根系主要分布在地面以下 60 厘米的土层内，一般土壤厚度 80 厘米左右就能满足青花椒的生长和结果。但土层越深厚，越有利于青花椒根系的生长，根系越强大，树体的地上部生长就越健壮，结实越多，越有利于青花椒产量和品质的提高。如果土层浅薄，根系分布就浅，会限制和影响根系的生长，引起地上部生长不良，往往形成“小老树”，导致树体矮小、早衰和低产。

土壤质地对青花椒根系的分布和生长及其对土壤中水分和养分的吸收都有重要影响。青花椒根系喜肥好气，一般疏松的土壤孔隙度适中，土壤中空气含量适宜，有利于根系的延伸生长。因此，砂质壤土和中壤土最适宜青花椒生长，砂性大的土壤和极黏重的土壤则不利于其生长；土壤肥沃，可满足青花椒健壮生长、丰产和稳产的要求。青花椒对土壤的适应性很强，除极黏重的土壤和粗砂地、沼泽地、盐碱地外，一般的砂土、轻壤土、轻黏土及山地碎石土均可栽培。

青花椒在土壤 pH 5.0 ~ 8.5 的范围内都能栽植，但以 pH 7.0 ~ 7.5 的范围内生长结果为最好。

2.3.5 地形地势

青花椒多栽植在山地或丘陵，地形复杂、地势变化大，不同的地形地势引起光、热、水资源在不同地块上的分配和土壤条件差异也较大，其中海拔高度、坡度和坡向是主要影响因子。

海拔高度不同，光、热、水、风等气候条件以及土壤条件不同，对青花椒的生长发育产生不同的影响。一般随海拔的升高，紫外光增多、热量下降、风力增大，青花椒的生长量及其产量呈下降趋势。如四川青花椒的垂直分布中，盆周低山丘陵地区、重庆及贵州等地区等在海拔 800 米以下，攀西地区和汉源县的干热河谷地带在海拔 1 700 米以下，冬季无冻害的区域适宜青花椒的生长。

坡度和坡位通过影响土层厚度、土壤肥力和土壤水分条件对青花椒的生长和结果产生影响。一般情况下，缓坡和坡下部的土层深厚、土壤肥力和水分状况较好，青花椒生长发育也好；而陡坡和坡上部土层浅薄，土壤肥力和水分条件较差，青花椒的生长发育也较差。

坡向通过影响光照对青花椒的生长和结果产生一定的影响，青花椒为阳性树种，一般阳坡、半阳坡较阴坡光照时间长且充足，温度也高，所以青花椒在阳坡和半阳坡上生长结实明显好于阴坡。

3 青花椒苗木繁育

优良的品种和优质的种子是培育壮苗的关键，也是青花椒定植建园实现优质丰产的重要条件。种子选择与处理的好坏，不仅关系到育苗成败，也关系到青花椒栽植后的生长发育、产量形成和产品质量的好坏。

3.1 种子育苗

青花椒多为无融合生殖，通过播种育苗方法培育的实生苗，能很好地保持亲本优良特性。因此，生产中青花椒以播种育苗为主，即利用青花椒优良品种或优良单株的种子进行苗木繁殖。青花椒播种育苗生产中，出苗率、苗木生长量、合格苗比例与种子质量和处理方法、播种技术和苗期管理等措施密切相关。

3.1.1 苗圃地选择与整理

（1）苗圃地的选择

苗圃地条件的好坏，直接影响着苗木的产量和质量。苗圃地如果选择不当，常给生产造成难以弥补的经济损失。因此，为了保证单位面积苗木产出的数量多、质量好，应对苗圃地的环境条件进行认真选择，考虑位置、地形和土壤等因素。

① 位置。苗圃地首先要靠近水源，便于灌溉和管理；其次，苗圃地应建在交通方便的地方，便于苗木的运输。另外，苗圃地尽量靠近建园地，就地育苗，就地栽植，这样苗木既能适应园地的环境条件，又可减少运输路程，降低建园成本，还可避免因长途运输造成的苗木机械损伤和根系失水，提高栽植成活率。

② 地形。苗圃地尽量设置在排水良好、便于灌溉的平地或坡度≤5度的缓坡地。平地地下水位不高于1.5米，坡地背风、向阳。严禁在山顶、风口、低洼及陡坡地育苗。

③ 土壤。土壤的水分、养分、孔隙度、酸碱度等指标，对种子的萌发、幼苗的生长和苗木的质量至关重要，尤其对根系的生长影响很大。因此，育苗应选择肥沃、疏松、土层深厚、pH 7 ~ 8的砂质土壤、壤土或轻壤土，不宜在黏土、砂土上育苗。

（2）苗圃地的整理

土壤是苗木生长发育的场所，因此要搞好精耕细作，合理施肥，提高土壤肥力，改善土壤的温度、湿度和空气状况，为种子发芽和苗木生长创造良好环境。整理苗圃地应做好以下几方面的工作：

① 整地。整地可以疏松土壤，有利于团粒结构的恢复，并可加深耕作层，促进深层土壤熟化。青花椒播种前整理苗圃地是获得优质壮苗的基础，整地的基本要求是：及时平整，全面耕翻，土壤细碎，清除草根石块，并达到一定的深度。

耕地：具有整地的全部作用，是整地的中心环节。耕地的季节和时间，应根据土壤和气候条件而定，一般应于育苗前实行秋耕，以利于蓄水保墒、改良土壤、消灭病虫杂草。耕作深度以 25～30 厘米为宜。

耙地：要求耙平耙透，达到平、松、匀、碎，起到疏松表土、清除杂草、平整地面、混拌肥料和抗旱保墒的作用。秋季播种应在秋季随耕随耙，一般情况下，耕地后要及时耙地。

② 施肥。施肥是育苗生产的重要环节之一，是利用各种肥料提高土壤的肥力，促进种子萌发和幼苗生长。在耕地前将肥料均匀撒施在地表，均匀翻耕入土中，每亩施有机肥 2～4 吨，施磷肥 50～100 千克或复合肥 25～50 千克。

③ 做床。根据苗圃地土壤质地和雨季排水情况确定育苗床类型。一般壤土或砂壤土、地下水位适中、雨季不发生积水的苗圃地，可做平床；土壤黏重或雨季排水不畅的苗圃地，应做高床。床面宽 120～150 厘米，长度不超过 30 米，畦埂（沟）宽 40～50 厘米，平床畦埂高 20～30 厘米，高床畦沟低于床面 30 厘米，地块过长，应断成数节，中间开挖排水沟。畦埂或畦沟可作为步道，适当加宽有利于育苗地管理。育苗地四周应开挖排水沟，以便雨季及时排除积水。

④ 土壤处理。为了防虫灭菌，在播种前 5～7 天进行土壤处理。将药剂均匀撒施于畦面上，旋耕入土。土壤喷洒 1%～3% 的硫酸亚铁水溶液（每平方米喷洒 3.0～4.5 千克）灭菌，也可将硫酸亚铁粉均匀撒入床面或播种沟内进行灭菌。杀灭土壤害虫可喷洒 5% 西维因（每平方米 6～7.5 克）或用喷粉器喷粉，并随机翻耕。注意用药量不能太大，以免发生药害，如临近播种期，药量应尽量减少，以免影响种子发芽。

3.1.2 种子采集与处理

（1）种子采集

① 种子产地的选择。一般要求就地育苗，就地采种。近年来，随着市场经济的发展，青花椒生产在农村经济中占有重要地位，栽培区往往需要从其他产区调种。因此，首先要考虑的是种子产地与育苗地之间生态环境的差异程度，尽量从与育苗和建园地土壤、气候等环境条件相近的地区调种。

② 采种母树的选择。选择采种母树是种子采集的重要环节，优良母树才能结出优质的种子。因此，采种必须从优良母树上采集。采种的母树最好选地势向阳、生长健壮、品质优良、无病虫害、结实年龄在 10 ~ 15 年的青壮年结果树。

③ 采种时间。适时采种是保证种子质量的关键。适时采集的种子其内部各种营养物质的积累较多，已转化为贮藏状态，种子质量好，发芽率高。若采摘过早，种子未成熟，内部含水率较高，各种营养物质还处于易溶状态，种子不饱满，发芽率低；若采摘过晚，种子易脱落，给采种工作造成困难。因此，选择适宜的采种时间十分重要。青花椒的种子成熟一般在 9 月中旬至 10 月上中旬，当青花椒果实外表皮变成紫红色、果皮内有黑色发亮的种子且种胚发育完整时，为其育苗采种的最佳时期。

④ 采种方法。青花椒种子采收为人工采摘，选择向阳枝梢上颗粒饱满的大果穗进行采摘。采种时用手摘取或用剪刀将果实随果穗一起剪下，注意不要折伤枝条，以免影响母树来年的结果。

⑤ 晾晒和净种。育苗用的种子，果实采收后不能直接在太阳下暴晒，尤其不能在水泥、沥青等硬化地面上直晒，也不能用

烘干机烘干，要放在通风良好、干燥的室内或阴凉通风处，摊在筛垫上晾干，使果皮与种子自行分离。摊晒厚度以 3 ~ 4 厘米为宜，每天翻动 2 ~ 3 次，待果皮干裂后，用小棍轻轻敲击，使种子从果皮中脱出。然后将种子放入水缸或盆中，加多于种子 1 ~ 2 倍的清水，搅拌揉搓后静置几分钟，除去上浮秕种和杂物，滤去水后再将湿种及时摊放在干燥、通风的室内或棚下阴干，即得纯净种子。切忌暴晒，否则会使种胚灼伤，丧失发芽力，降低发芽率，甚至完全不能发芽。一般纯净种子每千克 5 万 ~ 6 万粒，千粒重 16 ~ 18 克，发芽率可达 80% 左右。

（2）种子贮藏

种子采收后，除秋季随采随播以外，一般需经过冬季贮藏后春季播种。贮藏种子应保持低温（0 ~ 5 ℃）、低湿（空气相对湿度 50% ~ 60%）和适当通气。常用的贮藏方法分为干藏法和湿藏法，具体方法如下：

① 室内干藏法。把阴干的新鲜种子装入麻袋或缸、罐中加盖，放在凉爽、低温、干燥、光线不能直射的房间内即可，但不要密封。用这种方法保存的种子，播种前必须进行脱脂及催芽处理。

② 沙藏法。选择在通风向阳、排水良好的地方挖深 40 ~ 50 厘米、宽 1 米、长度按种子数量多少而定的沟，沟内每隔 2 米左右竖一草把，然后将 1 份种子与两份含水 40% ~ 50% 的湿沙（以用手能握成团，松手即散开为好）拌匀后贮于沟中，堆至距沟沿 16 厘米左右时，在上面覆盖湿沙，至与地面平，随后稍做镇压，再填土呈垄状。贮存期间注意检查和翻动种子，以防发霉。经湿沙贮藏的种子，已起到催芽作用，来年春季土壤解冻后种子膨胀裂口时取出及早播种。沙藏时间一般不少于 50 天。

（3）种子质量鉴别

刚脱出的种子，湿度较大，必须及时摊放在干燥、通风的室内或棚下阴干。但如果在太阳下暴晒或堆集在潮湿的地方引起种子发热、发霉，则会使种子降低或丧失发芽能力。可采用以下方法鉴别种子质量的好坏：

① 看光泽。种子外皮较暗、不光滑的为阴干的种子，质量好；而种子外皮光滑的为晒干的种子，质量差。

② 观种阜。种阜处组织疏松、似海绵状的为阴干的种子，质量好；种阜处因种内油脂外溢后干缩结痂的为晒干的种子，质量差。

③ 察种仁。切开种子观察种仁，若种仁白色，呈油渍状，黏在一起的是阴干的种子，质量好；若种仁呈黄色或淡黄色，似黏非黏的，则是烘过或晒过的种子，或是长期堆集在一起发热变质的种子，此类种子质量差。

（4）种子催芽处理

青花椒种子外壳坚硬，外面具较厚的油脂蜡质层，不易吸收水分，播种后当年难于发芽。因此，育苗用的种子，不论当年秋季还是翌年春季播种，都必须先进行浸种催芽。其具体方法如下：

① 温水浸种催芽法。将干藏种子倒入 2% ~ 3% 温碱水内（50 ℃）搅拌搓洗，脱去种子表面蜡质，浸种使其充分吸水后（吸胀）进行秋播。或将吸胀种子继续在 25℃下盖湿纱布催芽，每日清水淘洗数次，连续催芽 2 周观察到大量种子露白后春播。

② 阳畦混沙催芽。此法适用于春季播种，在 2 月底或 3 月初，在背风向阳处开挖催芽池，深度 50 厘米，底部铺洁净湿润河沙，将上述浸种吸胀的种子或冬季沙藏种子混沙置入催芽池

内，上部平铺黑色地膜，然后搭小拱棚连续催芽 10 天左右即可发芽。

③ 沙藏层积催芽。此法适用于春季播种，方法同种子沙藏法。春季 3 月下旬，检查越冬沙藏种子发芽情况，当发现 1/3 种子露白后应及时播种。

3.1.3 播种与播后管理

（1）播种

① 播种时间。春秋两季均可播种，以秋季播种较为适宜。

春播：当地表以下 10 厘米深的地温达到 8 ~ 10 ℃时为适宜播种时间，即惊蛰至春分时播种。适宜于春季降雨较多、土壤湿润的地方或无灌溉条件的山地育苗。如果采用沙藏，需要随时检查沙藏种子的出芽情况，一般在幼苗出土后不受晚霜冻害的前提下，以早播为佳。春季播种，种子在土壤中的时间短，受风沙和鸟兽为害的机会少，缩短了播种地的管理时间，且播种后地温很快升高，有利于发芽，出苗时间短，苗木出土后也不易遭受冻害。但播种时间较短，田间作业紧迫，同时种子需要冬藏和催芽，育苗成本较大。

秋播：适宜于冬季温暖或春季干旱的地区，一般在10 月下旬至 11 月下旬进行。秋季播种的工作时间长，不仅便于安排劳力，而且种子在土壤中完成催芽过程，减少了冬季贮藏和催芽环节。翌春种子发芽早，扎根深，苗木生长期长，抗旱能力强，成苗率高，但种子易受鸟兽为害。

② 播种方法。青花椒常用的播种方法有条播和撒播两种。

条播：即人工开沟播种。一般行距 20 ~ 25 厘米，播幅 10 ~ 15 厘米。大田采用单行条播和宽行条播，还可采用由数目不同的播行组成的各种形式的带播。苗行方向以南北向为好。条播节约种子，便于松土、除草等圃地管理，但播种较麻烦，费时费工。

撒播：将种子均匀撒入圃地后，通过耕作耙磨将种子埋入土内。撒播省时省工，产苗量高，不利于松土除草及苗木管理。

③ 播种量。播种量因种子质量和播种方法而异，种子质量好，播种量就小；种子质量差，则播种量就大。条播一般每亩（1 亩≈ 666.7 平方米）10 ~ 15 千克，撒播每亩 20 ~ 30 千克。

④ 播种技术。播种是一个重要环节，播种质量直接影响种子发芽率，出苗快慢，出苗后的整齐程度以及苗木的产量和质量。

人工播种：包括开沟、播种、覆土、镇压和覆盖 5 个工序。开沟：条播时，为了使播行通直，一般先画线，然后照线开沟，开沟深度为 2 ~ 3 厘米，要均匀一致。播种：向播种沟内均匀撒上种子，要注意控制好下种量。播种时为了防止播种沟干燥，应边开沟，边播种，边覆土。覆土厚度为 1 ~ 2 厘米，有覆沙条件的地区，覆土要薄，以不见种子为宜，然后在播种沟上覆 1 ~ 2 厘米的细沙。为使种子与土壤紧密结合，以利种子充分吸水而萌芽出土，通常在气候干旱、土壤疏松及土壤水分不足的情况下，覆土后进行镇压，但对黏重土壤和播种后有灌溉条件的则不宜镇压。播种后，为了防止地表板结，保蓄土壤水分，减少灌溉，抑制杂草生长，防止鸟兽为害，提高种子发芽率，对播种地用塑料薄膜、细沙、秸秆等进行覆盖。

塑料薄膜覆盖多在早春低温干旱时使用，能起到明显的增温保湿效果，促进提早出苗。但塑料薄膜覆盖在出苗后要注意观察，并及时通风、撤膜，以免灼伤幼苗。秸秆覆盖可用干净的稻草等，厚度不宜太厚，当幼苗 60% ~ 70% 出土、达 2 ~ 3 叶时，及时分期撤掉秸秆，一般分 2 ~ 3 次完成。秸秆覆盖的效果不及薄膜覆盖，但简单方便。细沙覆盖厚度一般 1 ~ 2 厘米，该方法保湿增温好，操作简单。细沙覆盖时，对秋季播种的，应在播后先灌水，再覆沙；春季播种的，播后即可覆沙。

机械播种：在地势平坦的苗圃，可采用播种机播种。其主要优点是播种量、播种深度和覆土厚度均匀，播幅一致，开沟、播种、覆土、镇压一次完成，幼苗出土均匀整齐、劳动强度小、效率高、成本较低。

（2）播种后的管理

青花椒从种子播种开始直至苗木出圃，需要进行一系列的管理才能保证顺利出苗和健壮生长，具体包括灌溉、排水、松土、除草、补苗、间苗、定苗、追肥、病虫害防治和苗木保护等。重点应做好以下几方面的工作：

① 灌溉与排水。播种盖草后要喷洒一次充足的水。秋播的在立冬后要喷浇第二次水，春季如遇干旱不下雨，可再次用喷雾器喷水浇灌。切忌引水漫灌，漫灌易引起土壤板结，影响出苗。大雨过后要注意及时排水，以避免长时间积水引起根系腐烂、苗木死亡。出苗后，可根据天气情况和土壤墒情决定是否灌溉。一般施肥后应随即灌溉，以使肥效尽快发挥。苗木生长后期应控制浇水，以防贪青徒长导致木质化差，影响越冬。

② 松土与除草。中耕除草能够疏松土壤、减少土壤水分蒸发、防止土壤板结、清除杂草、促进苗木生长，松土深度以 2 ~ 4 厘米为宜。中耕除草多在浇水或降雨后进行。苗木出土后，当苗长到 10 ~ 15 厘米时就要适时拔除杂草，以后可根据杂草生长和土壤板结情况随时进行中耕除草。一般全年松土除草要进行 4 ~ 5 次，杂草多的地方应除草 8 ~ 9 次，注意不要伤苗。

③ 间苗、定苗和补苗。在青花椒幼苗出土基本整齐后，选择阴天或晴天傍晚揭去盖草。待幼苗长到 3 ~ 5 厘米时，开始第一次间苗，以后每隔 15 ~ 20 天再间苗 1 ~ 2 次。苗高达 10 厘米左右时进行定苗。定苗后使苗距保持在 10 厘米左右，每亩留苗 2 万 ~ 3 万株。间出的幼苗可带土移栽到断行缺苗的地方，也可移栽到别的苗床上进行排栽，继续培育。移栽时，幼苗以长出 4 ~ 5 片真叶时移栽为好。移栽时间应选择在阴天或傍晚进行，以提高移栽成活率，如在晴天进行，则需适当遮阴，直至成活。为了弥补缺苗断垄现象，可结合间苗进行补苗，用锋利小铲将过密处的苗木带土掘起，随即移栽到缺苗处，栽时注意压实，栽后立即浇水。

④ 防止日灼。幼苗刚出土时，如遇高温暴晒的天气，嫩芽先端往往容易枯焦，称为日灼，也称烧芽（或烧苗）。播种后在床面上覆草，既能调节地温、减少蒸发，还可有效防止日灼。幼苗出土后适时撤去覆草，不能过早或过晚，过早达不到覆草的目的，过晚则影响幼苗的生长。覆盖物要分批撤去，一般从秧苗齐苗开始，到 2 片真叶时可全部撤除。

⑤ 追肥。青花椒苗出土后，于 5 月中旬至 6 月中下旬进入速生期，此期也是需肥最多的时期，应每亩追施 20 ~ 25 千克尿素等速效氮肥 1 ~ 2 次，以促进生长。对生长偏弱的苗圃，可在 7 月上中旬至 8 月中旬再追施速效氮肥，每亩施肥量为 20 千克左右。也可在 7 ~ 8 月苗木生长旺盛期，用 1% ~ 2% 的磷酸二氢钾进行两次根外追肥。但追施氮肥不能过晚，最迟不能晚于 8 月下旬。若追施氮肥过晚，会造成苗木贪青徒长，木质化程度低，容易冬季受冻。施肥时，可将化肥均匀地撒在床面上，随即浇水，然后根据情况进行松土除草。

⑥ 病虫害防治。青花椒苗期病虫害主要有叶锈病、蚜虫、凤蝶等，要本着“防治并举、防重于治”和“治早、治小”的原则加强防治。

3.2 嫁接育苗

嫁接是把树木的某一部分营养器官如芽或枝条移植到另一株树木的枝干或根上，前者称接穗，后者称砧木。砧木和接穗经过愈合，形成输导组织，即成为一个新个体。嫁接育苗是青花椒集约化经营育苗的方向，有广阔的前景，特别是针对无刺或少刺青花椒。它能保持母株的原有优良性状，获得遗传品质较好的优质苗木，而且可以提早结果，同时提高椒树的适应性和抗病虫能力，加速优良种的推广。

3.2.1 砧木与接穗准备

（1）砧木处理

嫁接苗的繁育，应选择生长健壮、无病害、地径在 0.6 厘米以上、抗寒和抗病能力强的野花椒实生苗作砧木。一般砧木越粗，嫁接成活率越高。在嫁接前 20 天或 1 个月，把砧木植株距地面 12 ~ 14 厘米内的皮刺、叶片和萌枝全部除去，有利嫁接时的操作。同时进行一次追肥和锄草，促进砧木苗生长健壮，提高嫁接成活率。

（2）采穗与贮藏

接穗的质量对嫁接成活影响很大，采集接穗时应选择品种纯正、树势健壮、丰产优质的壮年椒树作母树，采穗的枝条应是品种优良、生长健壮、优质丰产、无病虫害的青壮年植株上的一年生向阳壮实枝条。接穗要求芽体充实，直径在 0.4 ~ 0.6 厘米。接穗采下后应及时进行保湿处理以防穗条水分蒸发，接穗最好是随采随嫁接。采集后不能及时使用的接穗，应注意常温保湿、避光贮存备用。接穗用量大或需长途运输时，应将其先剔除皮刺，每 50 ~ 100 根绑成一捆，挂上品种标签、标明数量、品种、采集地点与时间等，然后用湿布袋包裹，布袋外挂上同样的标签，放背阴处，并注意穗条保湿，等待及时调运和使用。穗条不能长期保存，也不宜在温度过低的冷库中保存。因此，穗条的采集时间应根据嫁接时间和运送时间而定，尽量做到随采随嫁接。

3.2.2 嫁接方法

（1）嫁接时间

应根据当地的物候期选择适宜的时期进行嫁接。青花椒在适宜种植区，一般在 2 月下旬至 3 月中旬嫁接有利于愈伤组织形成，此时枝接或芽接均可，嫁接最容易成活；在 7 月下旬至 8 月下旬，亦可进行芽接。

（2）嫁接方法

目前，生产上应用最为广泛的嫁接方法有枝接和芽接两种。凡是用 1 个芽片作接穗（芽）的叫芽接，用具有 1 个或几个芽的一段枝条作接穗的叫枝接。枝接包括劈接、切接、舌接、皮下腹接等，芽接有 T 形（丁字形）芽接、方块形芽接等。

① 劈接。劈接适宜于较粗大的砧木，一般用于改劣换优。嫁接时，选择 2 ~ 4 年生苗，在离地面 5 ~ 10 厘米、比较光滑通直

的部位锯断，用嫁接刀把断面削平，在断面中央向下直切一刀、深 2 ~ 3 厘米。然后取接穗，两侧各削一刀，使下端呈楔形，带 2 ~ 3 个芽剪断。再用 1 个木楔将砧木切口撑开，将接穗插入，使砧木和接穗的形成层密接。取出木楔，用麻绳或嫁接膜从下往上把接口绑紧。绑缚时不要触动接穗，以免砧木和接穗的部位错开。嫁接完后注意保湿（图 1）。

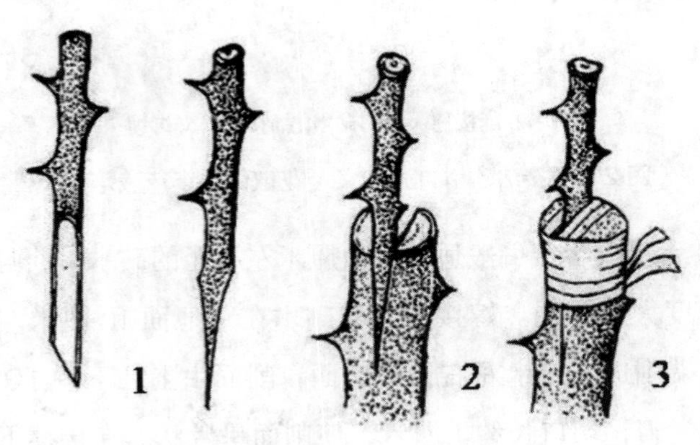

1. 削接穗　2. 插接穗　3. 绑缚

图 1　劈接法（引自张和义《花椒优质丰产栽培》）

② 切接。切接适用于 1.5 ~ 2 厘米粗的砧木。嫁接砧木离地面 2 ~ 3 厘米处剪断，选皮层厚、光滑、纹理通顺的地方，把砧木断面略削少许，再在皮层内略带木质部垂直切下 2 厘米左右。在接穗下芽的背面 1 厘米处斜削一刀，削去 1/3 的木质部，斜面长 2 厘米左右。再在斜面的背面斜削一小斜面，稍削去一些木质部，小斜面长 0.5 ~ 0.8 厘米。将接穗插入砧木的切口中，使砧穗两边形成层对准、靠紧（图 2）。如果接穗比较细，则必须保证一边的形成层对准。接后绑缚方法同劈接。

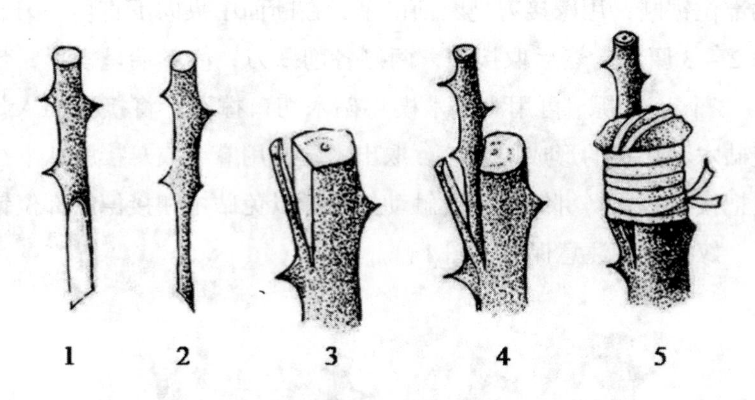

1、2. 削接穗　3. 切砧　4. 插接穗　5. 绑缚

图 2　切接法（引自张和义《花椒优质丰产栽培》）

③ 舌接。舌接一般适用于 1 厘米左右粗的砧木，而且砧木和接穗粗度大致相同。嫁接时，将砧木在距地面 10 厘米左右处剪断，上端削成 3 厘米左右长的斜面，削面由上往下的 1/3 处垂直向下切一刀，切口长约 1 厘米，使削面呈舌状。在接穗下芽背面也削成 3 厘米左右长的斜面，在削面由下往上 1/3 处切一长约 1 厘米的切口。然后把接穗的接舌插入砧木的切口，使接穗和砧木的舌状部交叉接合起来，对准形成层向内插紧（图 3）。如果砧木和接穗不一样粗，要有一边形成层对准、密接。

④ 皮下腹接。又叫插皮接，先在砧木离地 6 ~ 10 厘米高处，选一平滑面，用嫁接刀在此平滑面处的皮上划一个 T 形，深达木质部。然后用刀尖轻轻将划口的皮层剥开少许。接穗下部削成 0.5 ~ 0.8 厘米长的斜面，在斜面的背面两侧轻轻削去表皮，使其尖端削成箭头状，削面要光滑。再将削好的接穗大斜面朝里插入砧木皮层与木质部之间的削口处，直到把接穗削面插完为止。最

后用塑料薄膜条扎紧（图 4）。

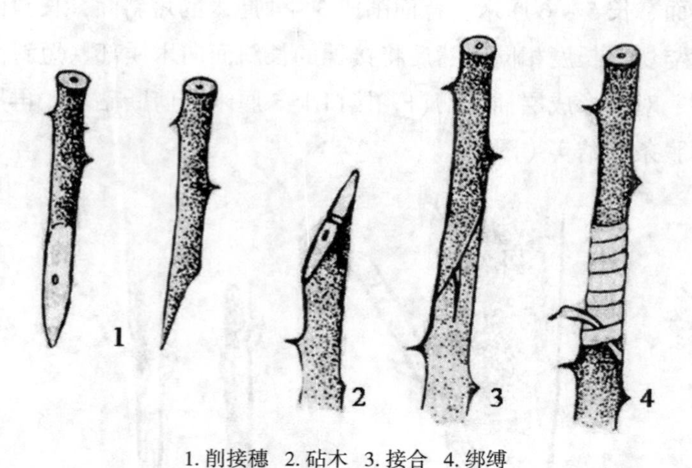

1. 削接穗　2. 砧木　3. 接合　4. 绑缚

图 3　舌接法（引自张和义《花椒优质丰产栽培》）

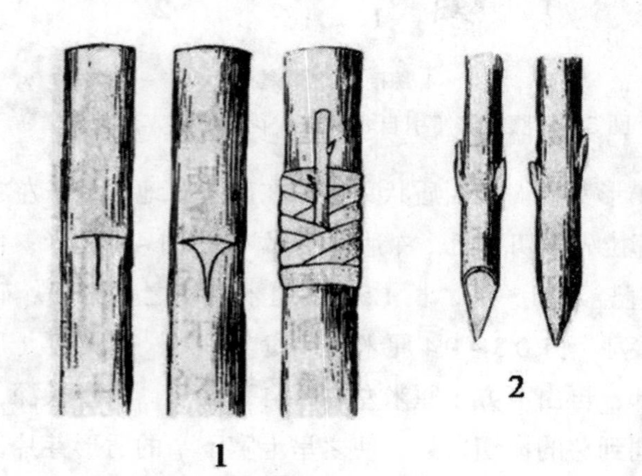

1. 砧木削法与嫁接　2. 接穗削法

图 4　皮下腹接法（引自张和义《花椒优质丰产栽培》）

⑤ 切腹接法。先在砧木离地面 5~10 厘米高处，用嫁接刀斜

切一个 5 ~ 6 厘米长的切口，切深不超过髓心。接穗一侧削一个长斜面、长 5 ~ 6 厘米，背面削成 3 ~ 4 厘米的短斜面，长斜面的长度与切口长度相同。然后将接穗的长斜面向木质部、短斜面向皮层，对准形成层插入切口，接口上 5 厘米处剪断砧木，再用塑料薄膜条捆结实（图 5）。

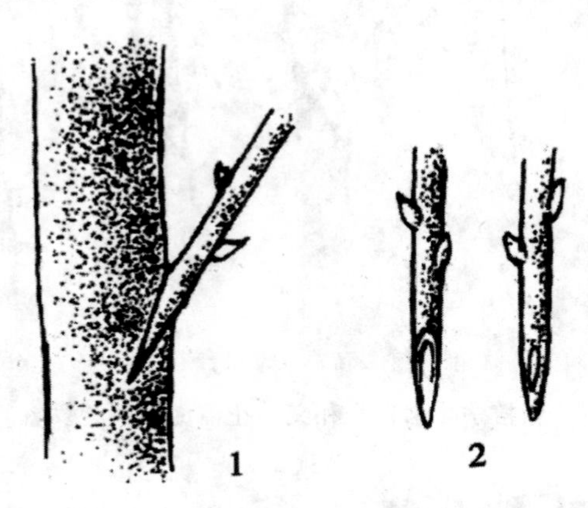

1. 嫁接法　2. 接穗削法

图 5　切腹接法（引自张和义《花椒优质丰产栽培》）

⑥ T 形芽接。又叫盾状芽接，在砧木离地 5 厘米左右处树皮光滑的部位先横切一刀，深达木质部，长 0.5 ~ 1 厘米；再在横切口下垂直竖刀切一下，长 1.5 ~ 2 厘米，使之呈 T 形。砧木切好后，在接芽上方 0.3 ~ 0.4 厘米处，横切一刀，长 0.5 ~ 1 厘米，深达木质部；再由下方 1 厘米左右，自下而上，由浅入深，削入木质部，削到芽的横切口处，使之呈上宽下窄的盾形芽片，用手指捏住叶柄基部，向侧方推移，即可取下芽片。芽片取下后，用刀尖挑开砧木切口的皮层，将芽片插入切口内，使芽片上方与砧木横切对齐。然后用塑料薄膜条自上而下绑好，使叶柄和接芽露出（图 6）。绑缚时松紧要适度，太紧或太松都会影响成活。

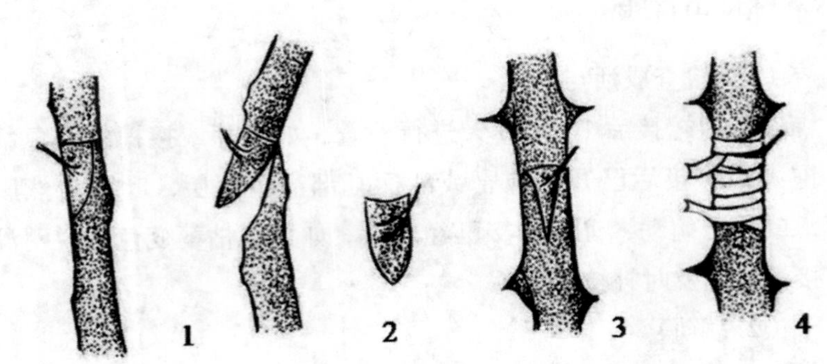

1. 削接芽 2. 芽片 3. 嵌入接芽 4. 绑缚

图 6 T 形芽接法（引自张和义《花椒优质丰产栽培》）

⑦ 方块形芽（嵌芽接）接。和 T 形芽接法的区别在于，芽片切成约为 1 厘米 ×1.5 厘米的方块状，将芽片放在 5% 白糖液中浸泡不超过 10 分钟，或包于湿毛巾中，防止氧化。在砧木光滑处切除与芽片大小相同的砧木皮方块。将芽片植入砧木的切口内，沿芽片边缘用芽接刀划去芽片外砧木的表皮，露出芽眼和叶柄，扎好即可（图 7）。

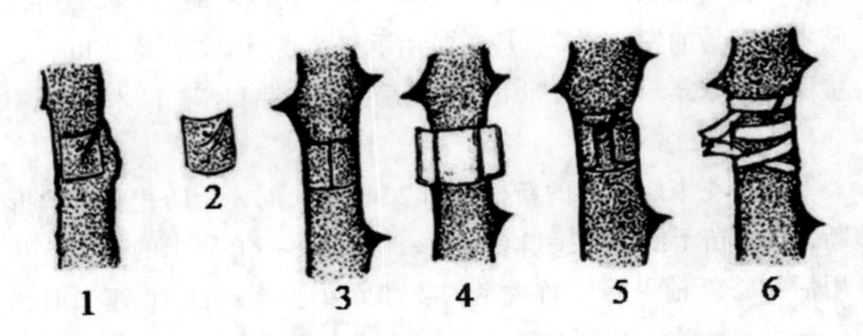

1. 削接芽 2. 芽片 3~4. 切砧木 5. 嵌入接芽 6. 绑缚

图 7 方块形芽接法（引自张和义《花椒优质丰产栽培》）

3.2.3 嫁接苗管理

（1）检查成活与补接

青花椒嫁接后 20 ~ 25 天进行检查，如接芽或接穗的颜色新鲜饱满，嫁接后已开始愈合或叶柄基部产生离层，叶柄自然脱落，或芽已萌动，证明嫁接已经成活。如接穗枯萎变色，说明没有接活，应及时补接。

（2）解膜

春季青花椒嫁接的接芽或接穗成活萌芽时，即可解除薄膜带。捆绑的薄膜带解早或解迟，都会对嫁接成活和今后接口的愈合产生影响。如果解绑过早，常因接口未长好而崩开，致成活率降低。如果解绑过迟，往往造成接口变形，影响苗木生长，或是将来接枝从嫁接口折断。因此，解除薄膜带一定要适时。

（3）剪砧与除萌

在确定接芽成活且开始萌发后，即可剪砧。剪砧分 2 ~ 3 次完成，最终剪至距接芽上方 1 厘米处。剪砧时刀刃应该在接芽一侧，从接芽以上剪，向接芽背面微下斜剪断成马蹄形。剪砧后，砧木上极易抽发出萌芽，应随时用手掰除或用小刀削除，以免与接穗争夺养分，影响接芽生长，切忌损伤接芽和撕破砧木树皮。

（4）支撑

当青花椒嫁接苗的新梢抽出 20 厘米长时，为防止被风吹折断，可在苗干侧旁的接口对面插一根长 50 ~ 60 厘米的竹棍，并用活扣将新梢引缚于竹棍上，支撑新梢。当苗高 40 厘米时，可再引缚一次。待新梢基本木质化或大风季节过后，及时拔除支柱。

（5）摘心

待芽苗长到 50 ~ 60 厘米时，可进行摘心，促使幼苗加粗生长，并发侧枝。

（6）除草、施肥与防病

适时进行中耕除草，合理施肥，及时防治病虫害，保证苗子正常生长。

3.3 扦插育苗

青花椒可通过扦插方法进行无性繁殖，它具有嫁接育苗相似的特点，不但能保持母树的优良性状，提早开花结果，而且还能够减少甚至消除一些皮刺，使扦插成活植株实现无刺或少刺。然而，同嫁接育苗一样，扦插方法培育的苗木，也会在生长过程中表现出各种早衰现象，抗逆性和适应性均减弱，并且扦插苗根系不如实生苗发达。因此，生产中可根据实际情况选择合适的方法繁育苗木。

3.3.1 插床准备

普通农用大棚或小拱棚，具备自动温湿度控制设施条件。扦插基质以 1∶1 比例的河沙和珍珠岩混合物最好，单纯河沙或与蛭石混合效果不如前者。扦插前一周喷施 1% 高锰酸钾溶液对插床基质进行消毒。扦插生根之前控制温度 25 ~ 35 ℃，相对湿度 100%；生根后控制温度 20 ~ 30 ℃，相对湿度 90% 以上。

3.3.2 扦插方法

（1）硬枝扦插

春季芽体膨大以前，采集 2 ~ 3 年生青花椒母树上 1 年生充实健壮的发育枝或徒长枝，剪截成 8 ~ 12 厘米的插穗，上端剪口平，下端剪口呈单马耳形。用 500 ~ 1 000 毫克 / 升萘乙酸 (NAA) 水溶液浸泡 1 ~ 2 小时后扦插。

（2）嫩枝扦插

7、8 月份，采集当年生半木质化干条，剪截成 8 ~ 12 厘米长插穗，经 250 ~ 500 毫克 / 升萘乙酸或吲哚丁酸浸泡 30 分钟后扦插。

将穗条按株行距 10 厘米 ×20 厘米，扦插于宽 1.2 米的高床上，扦插顶端露出地面 2 ~ 3 厘米。插前圃地灌足底水，插后浇 1 次透水，踏实插缝，勿使扦插穗在土壤中悬空，扦插床上设置拱棚，拱棚上盖 50% 左右的遮阳网。

3.3.3 扦插后管理

插穗生根、成活的关键是地温能否达到插穗剪口的愈合、根系萌发的要求。扦插后的适宜生根温度为 25 ℃左右，春季插床应有增加地温的装置，夏季为防止高温危害，要揭开覆盖物，并在叶面喷雾降温。土壤以 60% 左右的含水量为宜，空气保持 80% ~ 90% 的相对湿度为好，注意遮阴。

插穗生根后半个月左右可移入盆中，先放在隐蔽处缓苗，待根系发育良好、植株健壮后，再逐步移到阳光充足处，按常规进行管理。

3.4 营养袋育苗

采用两段育苗法，即在播种育苗地母床上进行正常播种，待青花椒幼苗长至 8 ~ 10 厘米高时，将幼苗移栽至营养袋继续培育。幼苗经过营养土容器栽植，可促进根系生长，促进侧根生长，增加须根量。营养袋苗在春季或秋季都可以进行栽植，并且能有效缩短缓苗期的时间。

3.4.1 营养袋种类和规格

主要为塑料薄膜营养袋和无纺布营养袋两种，规格为 10 厘米 ×15 厘米左右，根据具体苗木培养规格可以适当地大点或小点。

3.4.2 营养土配制

按 60% 黄心土 +30% 腐殖土 +6% 过磷酸钙 +4% 珍珠岩的比例配制营养土，也可以根据育苗地附近易于获得且适于青花椒幼苗生长的基质和肥料及相应配方进行营养土配制。

3.4.3 苗木排栽

将苗圃地进行平整，规划好厢床及排水沟。将填装了营养土的营养袋整齐排放于厢面备用。3 月下旬至 4 月中旬，选择阴雨天气，将苗高 8 ~ 10 厘米的青花椒幼苗移入营养袋，排栽于厢床上，栽后灌透定根水。

3.4.4 苗期管理

（1）遮阳

利用 75% 遮阳度以上的遮阳网对移栽的营养袋苗进行遮阳或利用温室大棚控温、控光设施进行苗期管理。

（2）施追肥

苗木成活返青后立即追肥，以速效氮为主，每次每亩施尿素 4 ~ 5 千克。结合中耕除草施肥，整个生长季节需施肥 3 ~ 4 次。还可用 0.2% ~ 0.5% 尿素（施用浓度应前期低，后期高）、0.3% 磷酸二氢钾进行叶面施肥，并注意病虫害防治。

3.5 苗木出圃

青花椒苗的出圃是青花椒育苗的最后一道工序，也是保证青花椒苗木质量的关键。出圃工作的好坏直接影响到苗木的质量好坏和栽植成活高低，因此应引起高度重视。

3.5.1 起苗

起苗时间应尽量与青花椒建园栽植时间相衔接，最好在栽植的当天或前一天起苗。秋季栽植的应在停止生长后起苗，春季栽植的应在萌芽前起苗，雨季必须就近栽植，随起苗随栽，最好带土起苗。在起苗前 7 ~ 10 天应向圃地灌足水，起苗时深度要达到 20 ~ 25 厘米，确保苗木根系完整。

3.5.2 分级

起苗后，将苗木立即移至背阴无风处，按出圃规格对苗木进行分级。残次苗、砧木苗要分别存放。健壮优质青花椒苗应根系完好，具有较完整的主侧根和较多的须根；枝条健壮，发育充实，达到一定的高度和粗度，在整形带内具有足够的饱满芽；无严重的病虫害和机械损伤等。具体分级指标，详见表 1。

表 1　青花椒苗木质量等级表

苗木类型	苗龄（年）	Ⅰ级苗				Ⅱ级苗			
		地径（厘米）	苗高（厘米）	根系		地径（厘米）	苗高（厘米）	根系	
				长度（厘米）	>5 厘米长的侧根数（个）			长度（厘米）	>5 厘米长的侧根数（个）
当年生苗	1	≥ 0.4	≥ 40	≥ 15	9	0.3~0.4	30~40	10~15	6~8
留床苗	2	≥ 0.6	≥ 60	≥ 16	10	0.5~0.6	50~60	12~16	8~10
嫁接苗	1	≥ 0.6	≥ 60	≥ 20	5	0.5~0.6	50~60	18~20	3~5
扦插苗	1	≥ 0.3	≥ 30	≥ 10	3	0.2~0.3	20~30	6~10	2~3
营养袋苗	1	≥ 0.3	≥ 30	≥ 10	4	0.2~0.3	20~30	6~10	2~4

注：Ⅰ级、Ⅱ级苗为合格苗。

分级的同时进行修整，剪掉带病虫害或受伤的枝梢、发育不充实的秋梢、带病虫害或过长的畸形根系。剪口要平滑，以利早期愈合。为便于包装、运输，亦可对过长、过多的枝梢进行适当修剪，但要注意剪除部分不宜过多，以免影响苗木质量和栽植成活率。

3.5.3 假植

苗木分级后不能立即栽植或调运时，需进行假植。假植时选择排水良好、土壤湿润、背风的地方，挖一条宽、深 20 ~ 30 厘米，与主风方向垂直的沟。沟迎风面的壁做成 45 度斜面，将苗木在斜壁上成捆排列，再用湿润土壤培埋。

3.5.4 蘸浆

苗木调运时要对根系进行蘸浆。蘸浆时，在水中放入黄土，搅成糊状泥浆，将苗木根部放入泥浆内，使根系全部裹上泥浆。蘸浆有利于根系保湿，提高栽植成活率。

3.5.5 检疫、包装

苗木出圃时，要对苗木进行严格检疫，发现带有检疫对象的苗木，应立即集中烧毁。苗木出圃后，要经过国家检疫机关检验并签发证明后才可调运。调运苗木时，为防止苗木根系失水或损伤，应对苗木进行包装。苗木包装材料可选用草袋等轻质柔韧材料，按每 50 ~ 100 株一捆进行包装，并注明产地、品种、数量和等级。

3.5.6 调运

若需长途调运，装车后，用篷布包装严实，避免苗木吹风失水，并尽量选择在夜间运输，避免白天太阳照射的高温对苗木的损伤。

4 青花椒建园

4.1 椒园规划设计要求

规划设计不科学、不合理是许多椒园管理困难的主要原因，良好的规划设计是椒园成功的基础，要求主要有三点：一是能早结果早丰产；二是进入盛果期后椒园通风透光好，青花椒优质、丰产、稳产；三是进出椒园容易、椒园管理方便、减少椒园用工、减轻劳动强度、降低生产成本。

4.2 园地选择

园地附近没有工矿企业；园地距交通繁忙的主干公路要有一定距离；须对园地的土壤及周围大气、水质进行检测，确认符合国家规定标准；对园地的气候条件和土壤条件进行综合评价，确定是否适宜栽种青花椒。

一般无公害椒园应建在土壤肥沃、土层较深、有机质含量较高、质地疏松、坡度较小、没有特别限制因素（如地下水位过高、土壤含盐量过高、pH值过高或过低、深土层中有透水透气困难的黏土层等）的地方。

4.3 椒园规划

确定建椒园后，需要对园地进行规划。规划不当，会对未来的种植和椒园管理留下很多不便，尤其对山地椒园的水土保持和机械或半机械化作业影响很大。规划的内容包括：小区划分、道路规划、排灌系统等。椒园规划的原则是节约用地、方便管理及提高效率。一般情况下，栽植青花椒的土地面积应占用地总面积的85%～90%，道路及排灌系统占5%，附属建筑物及防护林占地5%～10%，这主要取决于椒园的规模大小及机械化程度高低。

4.3.1 小区划分

为了合理利用土地，便于生产管理，大面积椒园通常要划分为若干个作业小区，作业小区的面积宜根据园地的地形而定。平地椒园，小区面积可控制在100亩左右。山地椒园由于地形、地势复杂，宜以地块为单位划分。同时为便于生产作业和水土保持，山地应采用带状栽植，行向沿等高线弯曲延伸。

4.3.2 道路规划

规模较大的椒园应规划出椒园干道、行间作业道。主干道一般是小区的分界线，也是内连椒园各条支道，外连园外公路，进出椒园的通道。小面积椒园一般铺设一条主路，内连各行间作业道就可以了。主路宽度根据运输机具或车辆的宽度而定，大型机械路宽应在 4 米，小型机械路宽可在 2 ~ 3 米。对于使用小型机械的家庭椒园，行间作业道维持在 1 ~ 1.5 米宽，大型椒园则应维持在 2 ~ 2.5 米。

平地椒园的园内主路可与排灌系统及防护林网相结合。山地、丘陵地椒园，坡度小于 10 度时，主路可直上直下，路面中央稍高，两侧稍低。坡度大于 10 度的园地，主路应“之”字形延伸。

4.3.3 排灌系统

高标准规划设计的丰产优质椒园，必须包括完善的灌水、排水系统，做到旱能灌、涝能排，尽可能满足青花椒对水分的要求。

灌溉系统的规划包括水源、园内输水和行间灌水。平地椒园的水源一般为井灌或渠灌。井灌椒园可以按 50 亩地一眼井规划，计划安装微灌系统的椒园，一眼井可以保证 100 亩椒园的供水。田间输水的方法有以下两种：

（1）地面渠道输水

地面渠道输水是椒园传统的输水方式，其优点是投资少，缺点是占地多，灌水渗漏多，水资源浪费严重。为减少水分的渗漏和对渠道土壤的冲刷，椒园输水渠道应进行防渗、固化处理。从长远考虑，砖砌、以混凝土为内衬的输水渠或石砌的输水渠效果最好。

输水渠外接水源，内连园内地面灌水系统。输水渠一般宜和道路规划连在一起，多建在道路的一侧。为灌水方便，输水渠应高出椒园地平面，而且渠首和渠尾应保持 0.2% ~ 0.3% 的比降。

椒园的田间灌水系统有 3 种，一是全园漫灌，二是树行畦灌，三是行间沟灌。

全园漫灌用水量大，灌水浪费严重，对青花椒的生长发育也有许多不利影响。在大力提倡节水灌溉，减少水资源浪费的形势下，应尽量避免椒园漫灌。

树行畦灌多用于幼树。幼龄椒园顺树行做成宽1米左右的畦，一方面灌水方便，又节约用水，另一方面畦内清耕，不间种作物，给幼树一个良好的生长发育空间。

沟灌是在行间或冠缘投影处顺行向翻出深30厘米左右的沟（地下20厘米，地上10厘米）。沟上沿宽30厘米左右。沟灌的一次灌水量为每亩20～30立方米，比全园漫灌少用每亩30～40立方米，灌水的均匀度也优于全园漫灌，沟灌系统的设立还便于和椒园的开沟施肥相结合。因此，沟灌可以取代漫灌，成为成龄椒园地面灌水的主要方法。

（2）微灌技术

喷灌、滴灌等微灌技术逐步在椒园得到应用。喷灌、滴灌都有不破坏土壤结构、节省土地与劳力、节约用水、不受地形地貌限制等许多优点。这种先进的微灌系统特别适合在椒园应用，一是因为装配一套微灌系统投入较大，在低产值的大田作物上应用很难收回投资；二是青花椒为多年生经济树木，一次安装可受惠多年。此外，滴灌还能明显改善椒园小气候，早春喷灌可以防霜，减轻倒春寒造成的冻害。高温季节喷灌可以降温增湿，补充水分。椒园微灌的同时还可以进行施肥，即肥灌，从而大大提高施肥效果，减少施肥量，真正做到精准施肥。水源不足、地形复杂的山地更应该大力提倡实施微灌技术。

椒园排水系统的设置也是椒园规划的一项重要内容，且在平整土壤时就应该开始实施。土壤黏重或地下水位较高的地方，排水系统的配置更为重要。排水系统的各级水沟要相互连通，排水系统的规划应和灌水系统、道路系统的规划结合进行。

山区椒园水资源奇缺。即使有河流、水库或地下水的地方，也由于引水距离远，提水费用高而使许多椒园有水用不起。修建水窖是一个非常实用的办法，建一个水窖，采用穴灌或微灌就可以保证 10 ~ 20 亩椒园的喷药用水及关键时期的灌溉用水，对保证幼树成活，解决椒园的严重缺水问题具有重大作用。

4.4 椒园幼树栽植与管理

4.4.1 定植穴准备

如果新建的椒园土壤条件较差（如有机质含量低、沙荒地、土壤黏重或板结坚硬等），水分及青花椒根系不容易穿透，直接在这些土壤上栽植青花椒，对幼树栽后成活及早期生长发育都十分不利。因此，栽植前挖大穴、施足肥，对土壤进行局部改良，改善土壤的肥力和透气性，是保证建园成功及幼树早期丰产的一项重要措施。

青花椒园栽植一般挖定植穴，其大小以深 40 厘米左右，直径 60 厘米左右为好。土壤坚硬、黏重时应适当大些，砂质土壤可以适当小些。为了减少土壤水分的过度散失，挖穴的时间应控制在一定范围内，尽量随挖随栽。

挖穴时，表土和底土应分开堆放。回填土时，应分层进行，并逐层踩实。将表土和底肥混合均匀后回填于定植穴下部，底肥应以有机肥和磷肥为主。磷在土壤中的移动性差，定植前深施能更有效地促进椒树根系吸收利用。磷肥可选用过磷酸钙，每株施用 0.5 ~ 1 千克。有机肥的用量依肥料的质量而定。猪粪、牛粪等每株可施用 10 千克，质量较差的土杂肥每株 20 ~ 30 千克，而质量较好的鸡粪、人粪尿则一定要经过高温腐熟，每株的用量也不能超过 5 千克，切忌集中施在根的周围，一定要离根远点，以避免烧根。

4.4.2 栽植时期

青花椒的适宜栽植时期有两个，一个是秋季 9 月至 10 月份，另一个是幼树萌芽前的春季 3 月份左右。

入冬前栽植因土温较高，栽后有利于根系伤口的愈合及吸收功能的恢复，故 9 月至 10 月栽的树翌年发芽早、生长快、成活率高，在易发生春旱又缺乏水源的地方，此时栽植更有利。冬季前栽植要避开大风、低温天气，注意保护幼树根系，免受冻害。

春季栽植时期为苗木萌芽前到萌芽结束，宜早不宜迟。苗木已萌芽、幼叶已长出时栽植就很难成活，且易损伤幼芽，即便活下来，早期生长也严重不良。

4.4.3 苗木选择与处理

在栽植前要对青花椒苗进行严格的选择，一定要选用优质壮苗，其标准是根系发达，具有较粗的主、侧根 4 ~ 5 条，长度在 20 厘米以上，具有较多的须根；苗木高 0.8 ~ 1.0 米，地径 0.6 ~ 1.0 厘米，整形带内有 5 ~ 6 个不同方向的芽眼大且饱满的芽，苗木要粗壮。

对于经过假植贮藏的或外地长距离运来的苗木，要进行必要的处理。一是剔除弱苗、伤苗或失水过重的苗；二是喷洒或浸蘸杀虫剂、杀菌剂（如 3 ~ 5 波美度石硫合剂等）进行杀菌消毒以避免病虫害的传入；三是修剪受伤的根系；四是栽植前根系在水中浸 24 小时，使其充分吸水，并蘸泥浆后栽植。这样可以有效提高幼树的成活率。

4.4.4 栽植密度

青花椒园的栽植密度应根据立地条件、经营形式等综合考虑而定。立地条件差的地块，密度相对宜小；采用矮化密植丰产园的集约经营形式，密度宜大。

一般梯田埂边和其他农田边栽植，可顺地埂栽 1 行，株距以 2.5 ~ 3 米为宜；密植丰产园每亩栽 110 株，株行距采用 2 米 ×3 米；丰产园以每亩 60 ~ 80 株为宜，株行距 3 米 ×4 米。

4.4.5 栽植方法与栽后管理

栽植前将回填沉实的定植穴在定植点处挖一个小坑，坑的底部做成中间高四周低的馒头状，坑的深度以苗木的栽植深度而定。栽植时将苗木放入穴内正中位置，横竖标齐，扶正苗干，舒展根系，轻轻填土封穴，防止大锹填土砸歪椒苗。稍封几锹松土后，轻提一下树苗，以舒展根系。小坑封平后用脚踏实，随后围绕幼树做出 1 米见方的树盘或顺树行做成宽 1 米左右的灌水畦，并及时灌水。最好栽一棵灌一棵，栽一行灌一行。栽后及时灌水可使根系与土壤密切接触，对幼树成活至关重要。栽后 3 ~ 5 天，树盘下覆盖 1 米见方的地膜，覆盖地膜有利于保墒，减少水分蒸发，同时有利于提高地温，防止杂草滋生。

新栽幼树尤其要注意氮肥的施用，施用不足、过量或施用位置不合适都会对幼树的生长发育造成影响，甚至造成损害。定植时，把肥料施于根系周围会由于烧根而导致树死亡；栽后不施氮肥，则会导致幼树生长不良。一般情况，每株幼树每年应施20克左右纯氮，折合尿素约为50克。施肥位置距树干应大于30厘米。有机肥及磷肥、钾肥等其他肥料应在栽植前施于定植穴，并深翻于土中。

5 青花椒园地除草与间作

5.1 椒园除草

树下的杂草或作物会与青花椒竞争水分及营养，影响幼树的生长及结果。因此，树下应保持 1 ~ 1.5 米宽的营养带，理想的营养带宽度，应在冠缘垂直处。对新定植的当年生幼树，树下保持一定宽度的营养带对幼树的成活及当年长势尤为重要。除草的方法有以下三种：清耕、喷除草剂和地面覆盖。

5.1.1 清耕

传统椒园多为人工除草，每年清耕 2 ~ 4 次，虽便利但椒园面积较大时，用工量也不可小觑。常见一些地方因除草不及时而使幼树湮没在荒草丛中，不是死掉就是生长削弱，严重影响幼树生长发育。因此，面积较大、人力不足的椒园，可考虑使用机器铲草或使用除草剂。

5.1.2 喷除草剂

为了提高除草效果，减少除草用工量，生产中可应用化学除草法。使用除草剂应注意以下事项：

（1）适期喷用除草剂

杂草种子萌发期，对药剂敏感，喷用除草剂杀伤效果好；在6月下旬至7月上旬，随着降雨增多，田间湿度增高，杂草进入旺盛生长期，可根据田间杂草生长情况，再次喷药控制。

（2）适量用药

喷用除草剂时，用药量要综合考虑气候、草种及其生长情况等因素，一般气温高时，用药量小；气温低时用药量宜大。杂草高大时，用药量可大些；杂草较小时，用药量可小些。

（3）除草剂使用方法要适当

目前生产中除草剂主要有两种用法：一是喷施茎叶，通过触杀或渗入植物体内杀死杂草；二是将除草剂喷施、浇泼在土壤上或拌成毒土撒施在土壤上，杀死杂草。生产中可根据实际情况，选用不同的除草方法。一般前者应用于杂草出苗后，后者多应用于出苗前。

（4）喷用方法要正确

由于除草剂对青花椒枝叶也有一定的杀伤作用，在喷用时可在喷头上安装塑料碗状罩子，注意喷头朝下，控制药物扩散，防止对青花椒树体造成药害。

（5）合理选用除草剂

市场上销售的除草剂种类众多，在应用时要根据当地椒园中的杂草情况，合理选择除草剂，以提高杀伤效果。一般高效氟吡甲禾灵（除草通）、氟乐灵、茅草枯、乙草胺以杀禾本科杂草为主；乙氧氟草醚（果尔）只能除芽前或苗后的早期杂草，无法控制大龄杂草；西玛津对一年生浅根性杂草防除效果好；草铵膦对多种杂草有杀伤作用；草甘膦对深根性杂草防除作用明显。

（6）提高防治效果

在喷用除草剂时，为了增强药物的黏着性，可在药液中加入一定量的洗衣粉，可明显提高杀伤作用；由于每种除草剂的杀草范围是有限的，生产中应注意不同类型除草剂要交替、混合应用，以提高控制效果。

5.1.3 地面覆盖

地面覆盖有防止杂草及改良土壤环境等多项功能。覆盖物主要有两大类，一类是塑料薄膜等无机材料，另一类是作物秸秆等有机材料。地面覆盖能减少地面水分蒸发，从而起到显著的保水作用，可提高椒园水分的有效利用。塑料薄膜覆盖的保水效果最为显著，其增加土壤温度的效果也最显著。因此，幼树栽后树下覆盖塑料薄膜对幼树保活及促进生长都有十分明显的作用。很多地区椒园水资源不足，人工浇水困难，加之一些青花椒产区春季及夏季降水少，干旱频发，严重影响新栽幼树的成活及当年生长。因此，幼树栽后应立即用塑料薄膜覆盖整个营养带，这是一项重要的生产措施。塑料薄膜覆盖带应做成两边稍高，中间稍低的形状，并隔 20 ~ 30 厘米在塑料薄膜上扎一个洞，以便于雨水的收集和下渗。

作物秸秆等有机材料覆盖，除了能节水保水、调节地温外，还能增加土壤有机质、改善土壤营养及理化性能、促进土壤中的微生物活动，对椒树的产量和质量提升都具有重要作用。

树下覆盖的宽度应不小于 1 米，随着树龄的增大，应逐渐扩大至 1.5 米以上。有机材料覆盖时，其厚度应大于 10 厘米，覆盖太薄时，难以起到防止杂草及改良土壤环境的作用。

5.2 椒园间作

在幼龄椒园或椒树覆盖率低的椒园，可以在青花椒树行间进行间作。椒园间作能对土壤起到覆盖作用，可防止冲刷，减少杂草危害，增加土壤腐殖质，提高土壤肥力；同时，还可合理利用土地，增产增效，达到“以园养田”“以短养长”的目的。

5.2.1 间作要求

青花椒树主干较低，只能在幼龄期或初果期适宜间作，盛果期大树一般不宜间作。椒园间作应满足如下要求：间作作物生长期短、吸收养分和水分较少、需要大量肥水的时期和青花椒树不同、不影响青花椒树的光照条件、能提高土壤肥力、病虫害较少、间作物本身经济价值较高。因此，间作带不能太宽，必须给幼树保留足够宽的营养带，避免间作作物与幼树争水、争肥、争光照，不能选高秆作物。

5.2.2 间作模式

通常以豆类、薯类、麦类、瓜类蔬菜为宜，如花生、绿豆、大豆、甘薯、马铃薯、小麦、辣椒等。随着幼树的长大，间作带的宽度应逐年减小，至栽后 2~3 年，幼树开始结果后，行间间作应完全停止。

（1）椒园间作瓜类

瓜类种植密度较小，种植时施肥量较大，生长期短，对青花椒树的生长影响较小，生产效益较高，是幼龄青花椒树最理想的间作物。

（2）椒园间作薯类

如马铃薯，此类型作物种植施肥量大，田间中耕次数多，有利于活化土壤，生产效益也不错，是较为理想的方式。

（3）椒园间作豆类作物

豆类作物低秆矮冠，在幼龄青花椒园间种，对树体生长影响较小，同时豆类根部有根瘤菌，根瘤菌具有固氮作用，种植豆类可培肥土壤，对青花椒树生长非常有益。

（4）椒园内生草

利用行间生草，生长季割后覆盖树盘，保墒增肥，是山地椒园解决肥料短缺的有效途径之一。当间作效益不高时，可在行间采用生草制管理，既可培肥土壤，也能节约人工，因为行间间作是很费人工的集约型管理模式。行间生草制可以人工播种羊茅草、红白三叶草、紫花苜蓿或保留适当的野生杂草，草的高度应控制在 30 厘米以下，避免其长期过高对椒园的风、光条件造成不良影响。

6 青花椒园地土、肥、水管理

土、肥、水管理是青花椒生产中的基础内容和根本措施。青花椒是多年生植物，树大根深，长期生长在一个地方，因此必须从土壤中吸收大量的营养物质，才能满足其生长发育的需要。优质青花椒园的土壤有机质一般在3%～4%或更高，但目前很多地方的青花椒往往定植在土壤条件较差的山地和沙地中，土壤有机质多数达不到2%，为了使青花椒达到早结果、早丰产、稳产和优质的效果，必须对土壤质地较差的椒园进行改良。在建园前应做好基础工作，建园后应保持经常性的土壤改良，在椒园土、肥、水管理上下足功夫，才能达到青花椒优质稳产的目的。

6.1 土壤管理

土壤是青花椒生长发育的基础，为其生长发育提供养分、水分、空气等，做好土壤管理将为果实优质、椒园丰产奠定基础。下面介绍几种对青花椒树生长发育不利的土壤条件及其改良措施。

（1）坡地土的改良

分布于山地、丘陵起伏地形上的土壤，可以统称为坡地土。

坡地是农业耕地中条件最差的，土层薄、水土流失严重、肥力低。这类土的改良措施主要是：

① 综合治理。对一个小流域进行科学的规划，综合治理主要是农、林、牧的协调，治坡与治沟结合，以及做好蓄水、保水和保土的工作。

② 合理耕作。有灌溉条件或降水量充沛的椒园宜实施覆盖法，不宜清耕。另外，等高垄作、平作起垄或穴状耕作，也有蓄水改土的效果。

③ 深翻与多施有机肥。最好是建园时挖大的定植坑，并同时在各土壤层施入大量有机肥。已建成的坡地椒园，深翻改土有良好的效果，深翻的同时加施有机肥则效果更好。坡地土一般土粒粗、土壤结构性差，施入大量的有机肥，不仅可以增加土壤养分含量，而且能改善土壤的结构，增加土壤保水、保肥的能力。

（2）黏土的改良

黏土的特点是土质黏重、容易板结和土壤空隙小，耕作性差。其改良措施主要有：

① 大量施入有机肥或广为种植绿肥作物。土壤中有机质含量提高，土壤结构上的缺点能得到最有效地克服，土壤供肥能力也提高。绿肥作物的种类很多，每年的产草量大，改土的效果快。黏土改良时适用的绿肥作物有豇豆、蚕豆、毛叶苕子和三叶草等。

② 客土。黏土中掺入大量的沙土、炉灰渣等效果较好，建园前一次性进行客土，能达到 40 ~ 60 厘米深度的客土层最好，但这样很费工，栽上青花椒后逐年扩坑客土也是好办法。

③ 合理施肥，特别是科学地施用化肥。长期单一地施用化肥，尤其是氮肥，会明显地加剧土壤板结的问题。化肥最好与有

机肥混合起来，施入土中。

6.2 肥料管理

6.2.1 肥料种类与施肥量

肥料的品种分为有机肥料和无机肥料。

有机肥料包括动物的粪便、腐烂的作物秸秆及油料作物榨过油的饼渣。有机肥料来源广、潜力大，既容易得到又经济实惠，含有丰富的有机质和腐殖质等以及青花椒所需要的各种大量元素和微量元素，并含有多种激素、维生素、抗生素等，被称为完全肥料。但养分主要是以有机态存在，必须经过微生物的发酵分解，才能被青花椒吸收利用。有机肥料不仅能供给青花椒生长需要的各种营养元素，还能改良土壤、提高土壤肥力。有机肥料的肥效长而稳，但见效较慢。不同有机肥料营养成分见表 2。

表 2　椒园常用有机肥料营养成分含量

肥料名称	有机质含量（%）	N 含量（%）	P_2O_5 含量（%）	K_2O 含量（%）	CaO 含量（%）
土杂肥	—	0.2	0.18~0.25	0.7~2.0	—
猪粪	15.0	0.56	0.40	0.44	—
牛粪	14.5	0.32	0.25	0.15	0.34
羊粪	28.0	0.65	0.50	0.25	0.46
人粪	20.0	1.0	0.50	0.31	—
大豆饼	—	0.70	1.32	2.13	—
花生饼	—	6.32	1.17	1.34	—
菜籽饼	—	4.60	2.48	1.40	—

无机肥料也称为化学肥料，具有养分含量高、肥力大、肥效快等特点，但养分单纯、不含有机物、肥效短。长期单纯地使用化学肥料，会破坏土壤结构，使土壤板结、肥力下降。因此，必须配合有机肥料使用。

青花椒是多年生经济林木，长期固定种植在同一地点，每年生长、结果都需要从土壤中吸收大量的营养元素。为了保证青花椒幼树的提早结果，早期丰产以及稳产、高产和果实优质，必须及时补充施肥，才能满足其生长和结果的需要。根据经济林树木生长时期和生长发育状态的不同，选用不同种类的肥料；基肥多用迟效性有机肥料，逐渐分解，供其长期吸收利用；追肥选用无机肥料，无机肥料肥效快，易吸收。

（1）基肥

基肥是经济树木年生长周期中所施用的基本或基础肥料，对其一年中的生长发育起着决定性的作用。使用基肥的最佳时期为果实采收后（即 8 月至 10 月），这一时期是青花椒有机营养的积累时期，根系生长仍未停止，吸收强度虽小，但时间较长。秋季土壤墒情和地温均宜土壤微生物活动，这时给青花椒施入大量的有机肥料，有机肥料经过腐熟分解矿化，释放出各种营养元素，被其根系吸收后，贮藏于树体枝干及根中，从而提高树体的营养水平，为翌年的萌芽、开花、结果提供营养。秋施基肥正值根系第二、第三次生长高峰，伤根容易愈合，并可发新根。春季不宜施基肥，因为其肥效发挥慢，早春不能供根系吸收，到后期发挥作用时往往造成新梢二次生长，对青花椒花芽分化和果实发育均有不利的影响。磷肥需深施，也多在施基肥时与有机肥料混合一起施入，再加施一些速效氮肥，对促进秋季叶片同化更为有利。

（2）追肥

青花椒追肥，一般前期使用速效氮肥，后期适量追施磷、钾肥，以促进花芽分化和提高果品质量。从青花椒树体萌动前后到果实采收前，根据其生长和结果情况，以及不同时期的需肥特点来进行肥料的补充追施。

追肥是调节树体生长、结果进程的积极手段。追肥的时间，应根据椒园的具体情况灵活掌握。有的椒园施用有机肥多，土壤肥沃能满足青花椒生长发育的需要，可以不追肥。如果说土壤肥力一般，则要进行追肥，为了增强树势，提高坐果率，应侧重秋季及当年春季追肥；为了促进营养生长，可以偏重花后追肥；为了促进花芽形成，则应以花芽分化期的追肥为重点。弱树宜早施，以当年春季追肥为主；旺树为保证形成足量的花芽，宜在新梢将近停止生长、花芽分化前追肥。追肥次数过多，并无明显好处，一般以每年施 3 次左右为宜。

6.2.2 合理的施肥量

一株青花椒树究竟需要施多少肥才算合理，施肥量受多种因素的影响。不同树龄、不同生长状况、不同结果情况的椒树，施肥量不同。幼树、结果少的椒树要比大树、结果多的椒树施肥少。不同土壤条件，也影响施肥量，瘠薄土壤比肥沃土壤施肥要多。土壤的母质不同，所含营养的成分不同。由片麻岩分化的土壤，一般不缺钾元素，可多施氮肥。所以，椒树的施肥量需要根据多种因素综合考虑。用营养诊断来指导施肥，也只能指出某种元素的盈亏情况，并不能具体提出保证青花椒树正常生长、结果所需要增加或减少的肥料的具体数量。因此要想最终解决青花椒的施肥量问题，做到真正的合理、科学施肥，只有将青花椒树体营养诊断和其营养平衡施肥法（即每年吸收带走多少营养元素，就补充多少营养元素，收支平衡）结合起来，才能解决定性和定量的问题。

由于多数地方目前还缺乏青花椒树体营养分析条件，加上椒园多为个人经营，面积小，普及分析指导施肥的技术还很困难。下面提供目前在生产上根据经验和传统习惯使用的施肥量。

（1）基肥的施用量

土壤有机质含量是决定土壤肥力的重要指标。一般丰产优质的青花椒园，土壤有机质含量在 1% 以上，有的达到 1.5% ~ 2.0%，但大多数椒园有机质含量在 0.2% ~ 0.5%，这就要大量增加基肥的用量，以提高地力。在 9 月上旬至 10 月上旬，以腐熟的农家肥为主，配以少量复合肥施入。施肥量由土壤肥力状况、椒树大小等决定。瘠薄的地块，施肥量应加大；小树施肥量宜小，大树施肥量宜大。一般 1 ~ 3 年生椒树，株施有机肥 3 ~ 5 千克、氮磷钾复合肥 0.1 千克；4 ~ 6 年生在初产期的椒树，株施有机肥 5 ~ 10 千克、氮磷钾复合肥 0.1 千克；盛产期椒树，株施有机肥 15 ~ 20 千克、氮磷钾复合肥 0.15 千克。施基肥不仅在数量上，而且在质量上都要保证。施用优质基肥，如鸡粪、羊粪、绿肥、圈肥、厩肥等较好，沤制腐殖酸肥作基肥，效果也很好。

（2）追肥的施用量

① 萌芽前追肥。在春季树液开始流动至萌芽前进行追肥，是对树体营养的补充，对新梢生长、叶片形成、果穗增大和坐果率的提高具有重要作用。一般株施氮磷钾复合肥 0.3 千克，或者株施尿素 0.1 千克、过磷酸钙 0.2 千克和硫酸钾 0.1 千克。

② 花后追肥。在开花后，株施氮磷钾复合肥 0.3 千克，或者株施尿素 0.1 千克、过磷酸钙 0.2 千克和硫酸钾 0.1 千克。

③ 壮果追肥。在果实膨大期株施尿素氮磷钾复合肥 0.75 千克，或者株施尿素 0.25 千克、过磷酸钙 0.5 千克和硫酸钾 0.25 千克。

（3）氮磷钾的配比

由于各地所处地理位置不同，其气候、土壤种类等不同。因此，在青花椒施肥中应采用不同的氮、磷、钾配比。目前，四川地区盛果期一般氮 323 ~ 347 克 / 株（平均为 335 克 / 株），氧化磷 49 ~ 51 克 / 株（平均为 50 克 / 株），氧化钾 214 ~ 228 克 / 株（平均为 221 克 / 株）。

（4）有机肥料和化肥的配合

有机肥料既能培育土壤肥力，又能供给青花椒必要的营养元素，因此对提高其产量和质量有明显作用。有机肥料与化肥配合施用比单施化肥（有效成分相同）具有明显的增产作用，也能较好地减少大小年发生。增加农村畜禽粪污和农作物秸秆综合利用，对减少化肥与农药的使用的“两增两减”绿色生产具有重要作用。因此，增施有机肥料，建立以有机肥料为主、有机肥料与化肥相配合的施肥模式，有利于椒树的生长结实。

6.2.3 施肥方法

（1）土壤施肥

土壤施肥时应尽可能地把肥料施在根系集中的地方，以便充分发挥肥效。青花椒树吸收根多集中分布在树冠外围下面的土层中，因此在树冠外施肥效果最好。土壤施肥的方法有：

① 环状沟施。在树冠外缘开环状沟施肥，沟在树冠外缘里外各一半，有利于根系吸收和扩展。

② 放射状沟施。以树冠为中心，离树干 1 米向外开挖 6 ~ 8 条放射沟施肥。沟长超过树冠外缘，施肥沟应是里浅外深。

③ 开沟施肥。在青花椒树行间开沟施肥，开沟时把生土层和熟土层分开放置，有机肥和熟土充分拌匀填入沟内，生土层留在地表进行风化。

④ 全园撒施。在生草的椒园中进行地面撒施，3～5 年和草一起深翻一次，把草深埋入地下。

（2）根外追肥

青花椒树需要的营养从根部以外供给的方法，有叶面喷肥、主干注入等。

叶面喷肥，即把肥料溶于水中，用喷雾器或喷枪喷洒在青花椒叶片上，肥料通过叶片的气孔和角质层渗入到叶片，一般喷后 15 分钟到 2 小时即可被青花椒叶片吸收利用。叶面喷肥简单易行，用肥量小，发挥作用快，可及时满足青花椒的需要，并可避免某些肥料元素在土壤中的化学和生物固定作用。土壤施肥和叶面喷肥各具特点，可以互补不足，如能运用得当，可发挥肥料的最大效果。在具体应用时要注意以下几个问题：

① 关于肥料与农药或生长剂的混喷问题。混喷虽然可以节省劳力和提高效果，但混喷不当，反而会降低肥效和药效，有时还会造成药害。因此，在混喷时，首先必须了解肥料与农药的性质，如尿素属中性肥料，可以和多种农药及生长剂混喷；而草木灰则属碱性肥料，不能与中性或酸性肥料、农药混喷；一般酸性肥料只能与酸性肥料或农药混喷，碱性肥料与碱性肥料或农药混喷；酸性肥料与碱性肥料或农药混喷，酸碱中和会降低药效。

② 喷洒浓度。喷洒浓度过高会对青花椒造成肥害或抑制生长，浓度过低达不到喷洒的效果，因此在喷洒前要做小面积喷洒试验，然后再大面积喷洒。根据以往叶面喷肥的经验，一般大量元

素肥料的使用浓度为0.2%～0.5%，微量元素肥料浓度为0.02%～0.05%。浓度确定后，喷洒时以喷至青花椒叶片正、反两面湿润，并有雾滴出现为宜。

③ 喷洒时间。以当日上午9点以前，下午16点以后进行为宜。因为中午前后，日照强、温度高，肥液易蒸发、浓缩、变干，难以渗入叶内，影响喷洒效果。阴云天气，可全天喷，若喷后一天内遇雨应补喷。每年喷洒2～3次，每次相隔10天左右。

④ 配制技巧。为了提高喷洒效果，可在配好的肥液中，加入少量湿润剂（或称展着剂）和中性肥皂、洗衣粉或洗涤剂等，可降低肥液的表面张力，增大其与叶片接触面积。此外，还可以在化肥液中加少许黏着剂，如皮胶等，湿润剂或黏着剂加入的量一般为2 000～3 000倍液。

青花椒根外喷肥种类及浓度如表3。

表3　常用根外喷肥种类及浓度

肥料名称	使用浓度（%）	年喷次数（次）	备注
尿素	0.2～0.5	2～3	可与波尔多液混喷
硫酸钾	0.2～0.5	2～3	果实膨大期开始喷
磷酸二氢钾	0.2～0.5	2～3	果实膨大期开始喷
硫酸亚铁	0.2～0.5	每15～20天1次	幼叶开始生绿时喷
硼砂	0.2～0.3	2～3（花育期）	土施0.2～2.0千克/亩，与有机肥混施
硼酸	0.2～0.3	2～3（花育期）	土施2～2.5千克/亩，与有机肥混施
硫酸锰	0.2～0.4	1～2	

续表

肥料名称	使用浓度（%）	年喷次数（次）	备注
硫酸铜	0.1 ~ 0.2	1 ~ 2	土施 1.5 ~ 2.0 千克 / 亩，与有机肥混施
钼酸铵	0.02 ~ 0.05	2 ~ 3（生长前期）	土施 10 ~ 100 克 / 亩，与有机肥混施
硫酸锌	0.2 ~ 0.5	发芽前	土施 4 ~ 5 千克 / 亩
氯化钙	0.3 ~ 0.5	2 ~ 3	花后 3 ~ 5 周喷效果最佳
硫酸镁	0.2 ~ 0.5	2 ~ 3	
硫酸锌	0.1 ~ 0.2	发芽展叶期	

6.3 水分管理

6.3.1 椒园灌水

（1）椒园灌水的重要性

青花椒各器官的水分含量一般占总鲜重的 50% ~ 60%，其果实主要含有挥发油、生物碱、酰胺、香豆素和脂肪酸等化学成分，其中挥发油是青花椒的主要香气成分，占总量的 47%。在果实的生长期，通过降水或灌水来满足其对水分的需求，既有利于根系对肥料的吸收，满足青花椒水分的蒸腾，促进生长、花芽的分化及果实的膨大，提高产量和品质，又能防止因缺水而对树体和果实生长造成的不良影响。

（2）灌溉时期

椒园灌水的适宜时期和次数不能硬性规定，要根据品种、当年降水量和土壤种类而确定。就一年来说，灌水可划分为4个时期，分别为花前、花后、果实膨大期和采后灌水。花前灌水可在青花椒萌芽后进行，有利于青花椒的开花、新梢和叶片生长以及坐果；花后灌水，是在花后至生理落果前进行，以满足新梢生长对水分的需求，并可以缓解因新梢旺长而争夺果实水分，从而提高坐果率。果实膨大期灌水，有利于加速果实膨大，以增加产量，并有利于花芽分化。采后灌水，有利于根系吸收养分，补充树体营养的亏缺和养分的积累。

在生产实践中，要根据树体的生长反应和土壤含水量来确定是否需要灌溉。当在晴天的午后叶片出现萎蔫现象时，说明树体内缺水，根系从土壤中吸收的水分已不能满足树体本身的生理需要，此时要灌水。适宜青花椒生长的土壤含水量是田间最大持水量的60%～80%，低于60%时应进行灌溉。土壤类型不同，其田间持水量也不同，黏土约为45%，壤土约为40%，砂壤土约为28%，沙土为5%～8%。可用酒精燃烧法或烘干法，测量出椒园土壤的含水量，根据所得数值和本椒园土壤质地，与相对应土壤田间持水量的60%比较，便可决定是否需要灌水。

（3）灌溉方法

① 地表灌溉。目前大多数椒园采用的灌溉方式主要是地表灌溉，即将水引入椒园地表，借助于重力的作用湿润土壤的一种方式。地表灌溉通常在椒树行间做埂，形成小区，水在地表漫流。从椒树行间的一端流向另一端，故两端灌水量分布不均，在每一小区灌溉结束时，入水一端的灌水量往往过量，造成水的深层渗漏，严重浪费水。

漫灌条件下，水的浪费主要取决于灌溉小区的长度和灌溉水面的宽度。灌溉小区越长，小区两端的土壤灌水量的差异越大，水的深层渗漏量越大，水的浪费就越严重。小区的灌溉面宽，一方面土壤表面的蒸发量大；另一方面在灌溉后树体处于高耗水阶段的时间越长，水的浪费量也大。因此，通过缩短灌溉小区的长度可以减少水的深层渗漏的损失。此外，只要一部分树体根系（树体总根系量 1/10 ~ 1/5）处于良好的水分条件下，就可以保证椒树的正常生长发育和结果，减小灌溉小区的宽度也是在采用漫灌时节水的主要途径。

细流沟灌是地面灌溉中较为节水的灌溉方式。在椒树行间树冠下开 1 ~ 2 条深为 20 ~ 25 厘米的沟，沟与水渠相连，将水引入沟内进行灌溉，灌后及时覆土保墒。沟灌时，沟底和沟两侧的土壤依靠重力渗透湿润土壤，并且还可以经过毛细管的作用湿润远离沟的土壤。细流沟灌时水流缓慢，水流时间相对较长，土壤的结构较少受到破坏，且地表的水分蒸发损失也较少。

② 喷灌。喷灌又称人工降雨，它是模拟自然降雨状态，利用机械和动力设备将水射到空中，形成细小水滴来灌溉椒园的技术。喷灌对土壤结构破坏性较小，与漫灌相比较，能避免地面径流和水分的深层渗漏，节约用水。采用喷灌技术后，能适应地形复杂的地面，水在椒园内分布均匀，并防止因漫灌，尤其是全园漫灌造成的病害传播，且容易实行灌溉自动化。因此，这种灌溉方式自 20 世纪 30 年代起在世界范围内获得了迅速的发展。

喷灌将水加压通过管道，然后经喷头将水喷洒在椒园里。喷灌通常可分为树冠上和树冠下两种方式。树冠上喷灌，喷头设在树冠之上，采用固定式的灌溉系统，包括竖管在内的所有灌溉设施在建园时一次建设好。但树冠下灌溉一般采用半固定式的灌溉系统，喷头设在树冠之下，喷头的射程相对较近，常使用近射程喷头，水泵、动力和干管是固定的，但支管、竖管和喷头是可移动的。

③ 定位滴灌。定位灌溉是20世纪60至70年代开始发展起来的一项技术，是只对一部分土壤进行定点灌溉的技术。一般来说，定位灌溉包括滴灌和微量喷灌（简称微喷）两类。滴灌是通过管道系统把水输送到每一棵椒树树冠下，由一个或几个滴头（取决于椒树栽植密度及树体的大小）将水一滴一滴地均匀又缓慢地滴入土中（一般每个滴头的灌溉量为每小时2～8升）；而微量喷灌灌溉原理与喷灌类似，但喷头小，设置在树冠之下，雾化程度高，喷洒的距离短（一般直径在1米左右），每一喷头的灌溉量很少（每小时<100升，通常每小时30～60升）。定位灌溉只对部分土壤进行灌溉，较普通的喷灌有节约用水的作用，能维持一定体积的土壤在较高的湿度水平上，有利于根系对水分的吸收。此外，还具有需要的水压低（0.02～0.2兆帕）和进行加肥灌溉容易等优点。

定位灌溉由于每一个滴头的出水量小，滴头或喷头的密度大，只能将灌溉设备一次安装好。定位灌溉设备通常分4个区，具体如下：

① 水源：在使用地下水灌溉时，这一部分通常包括机井、水泵和机房。

② 过滤系统：定位灌溉使用的工作压力低，滴头或喷头的出水孔直径小，因此对灌溉水质的要求很高，否则会经常堵塞。采用过滤设备能去除水中的杂质，保证灌溉的正常进行。水中的杂质有两类，泥沙和活的生物（如藻类等）。

③ 自动化控制区：包括自动化灌溉仪和电动阀，实现对灌溉的自动化控制。

④ 灌溉区：由支管、毛管和滴管或喷头组成，滴头或喷头的密度依其种类、出水量、椒树栽培密度决定。

6.3.2 椒园节水与保水措施

为了实现青花椒的丰产优质栽培，必须进行合理灌溉。在椒树生长期，采取适时、合理的灌水来满足其生理的需要，才能达到丰产、优质的效果。灌水是椒树栽培技术的有效措施之一，需要一定的资金、人力、设施和机具，并要消耗相应的能源。在具备灌水条件的椒园，如果采取不合理的灌溉方式，且在灌后又不采取相应的保水措施，就会造成人力、物力、能源和宝贵水资源的浪费，并加大生产成本的投入。

节水主要是通过对灌水方式的改进和灌水后的有效保水措施，提高灌水的利用率，从而达到在灌溉中节约用水的目的。在椒园中采用先进的灌水技术，可节约大量的水资源，如采用喷灌方式比传统的地面灌水方式节约用水 30% ~ 50%，采用滴灌方式比地面漫灌节约用水 80%。总之，在采用先进的灌溉方式的同时，再结合地面覆盖等保水措施，水的利用率就会大大提高，减少灌水次数和用水量。

椒园采取保水措施就等于灌水，因为在能进行灌水的椒园，可以减少灌水量和灌水次数；在没有灌水条件的椒园，可以不同程度地缓解椒树需水和缺水的矛盾。椒园保水措施同建立灌溉设施工程相比，有就地取材，简单易行，投资少，效果好等优点。

椒园保水措施主要有：

① 深翻与松土。一般在秋后结合施基肥、清园进行椒园深翻，深翻可以改良土壤结构，有利于椒树度过翌年的春旱。松土

保墒是指每次灌水或降水后，采用人工或机械，及时进行松土保墒。一是结合中耕松土，清除杂草，减少杂草与椒树争水争肥的矛盾。二是可以防止土壤板结，破坏表层土壤的毛细管水运动，减少地面水分蒸发，从而达到保持土壤水分的目的。

② 改良土壤。改土主要是改变土壤的机械组成，调整土壤的三相比例（如密度、含水量、饱和度、孔隙比等）。各种土壤因所含泥沙比例不同，其田间持水量也不同，黏土粒具有较大的吸收性和吸附性，所以黏性土壤保水保肥能力高于砂质土壤。砂质土壤要拉淤压沙，改变土壤结构，提高椒园的保水保肥能力。

无论何种土壤类型连年增施有机肥料，都会明显地提高土壤保水保肥能力。施入有机肥后，其矿化分解为腐殖质，腐殖质是一种有机胶体，它具有良好的吸收和保持水分、养分的能力，吸收水分是自身的 5 ~ 6 倍，比吸水性强的黏土粒还高 10 倍。

③ 覆盖。覆盖保墒是在椒树下，于早春开始覆盖农膜、作物秸秆或绿肥，减少土壤水分蒸发，达到保水的目的。在少雨、干旱和多风的地区，土壤水分蒸发较快，会造成严重缺水，影响椒树发芽、开花对水分的需要。采用地膜覆盖，就会减少土壤水分的蒸发，不仅提高土壤中水分的含量，而且还会提高地温，促进根系的吸收。

在椒树的行间或全园覆盖一定厚度的作物秸秆，具有良好的保水、增肥和降温的作用。此法可就地取材，简单易行，无论平地或山地椒园均适用，对无灌溉条件的山地椒园，的确是一项缓解椒树需水和土壤供水之间的矛盾，提高果实产量和品质的重要措施。

在椒树行间，间作各种适宜的绿肥作物，对于充分利用土地、水分和光能，培肥改土，增加有机肥源以及节水保水方面，均有良好效果，且投资少，简单易行。在椒园空闲地上，间作绿肥作物，可减少水分的损失。同时，把绿肥鲜体部分刈割覆盖在树下，又能起到覆盖保墒和增肥的作用。

④ 施用保水剂。保水剂是一种高分子树脂化工产品，外观像盐粒，为无毒、无味、白色或微黄色的中性小颗粒。它遇到水能在极短的时间内吸足水分，其颗粒吸水膨胀 350 ~ 800 倍，吸水后形成胶体，即使施加压力也不会把水挤出来。当把它掺到土壤中去，就像一个贮水的调节器，降水时它贮存雨水，并被牢固地保持在土壤中，干旱时释放出水分，持续不断地供给椒树根系吸收。同时因释放出水分，本身不断收缩，逐渐腾出了它所占据的空间，又有利于增加土壤中的空气含量。这样就能避免由于灌溉或雨水过多而造成土壤通气不良。它不仅能吸收雨水和灌水，还能从大气中吸收水分，在土壤中反复吸水可连续使用 3 ~ 5 年。

⑤ 贮水窖。在干旱少雨的地方，雨量分布不均匀，大多集中在 6 月至 8 月，有限的水也会造成大量的流失，所以贮水也显得十分重要。贮水有两种方式：一是在树冠外沿的地上，挖 3 ~ 4 个深度为 60 ~ 80 厘米，直径为 30 ~ 40 厘米的坑，在坑内放置作物秸秆，封口时坑面要低于地面，有利于雨水的集中。二是在椒园地势比较低，雨后易流水的地方，挖一个贮水窖，贮水窖的大小要根据椒园降水量多少而定。贮水窖挖好后，底部和四壁用砖砌起来，再用水泥粉刷一遍，防止水分的渗透，窖口覆盖，减少水分的蒸发，下雨时打开进水口，让雨水流入窖内，雨后把口盖住。

以上介绍的椒园节水、保水措施，各地椒园可根据自身的具体情况，因地制宜，综合使用，以达到最佳节水、保水的目的。

7 青花椒整形修剪

7.1 整形修剪原则与方法

7.1.1 整形修剪的意义

整形是根据树体的生长特性，结合椒园的立地条件，通过对枝干的修剪，将其修整成特定的样式和形状，使其结构合理，光能和空间利用充分，生产潜力和效能发挥到最大，实现早果、优质、丰产、稳产的栽培效果。

修剪是以整形为基础，根据树体生产和结果的需求，采用不同的措施（如短截、摘心、疏枝、回缩等）对枝条进行处理，促进或控制椒树新梢的生长、分枝或改变生长角度，控制枝条的方位、长势和数量，均衡营养，改善光照，充分利用树体有限的生长空间获得最大的生产效益。

整形与修剪的结合，称为整形修剪。两者相辅相成，整形的目的是培养良好的骨干结构，修剪则是调整枝条的生长和结果。整形依靠修剪才能达到目的，修剪只有在合理整形的基础上才能充分发挥作用。

整形修剪的益处包括：①能促进生长，扩大树冠，增强树势，提高产量；②改善树冠光照，调节果实发育的营养供给，提升青花椒品质；③构建树体骨架，优化枝组间的比例，保证树体健壮、枝梢充实，提高树体抗逆性，减少病虫危害，减少化肥、农药使用量和农事管护人工费用，降低成本；④更新复壮，延长丰产期。

7.1.2 整形修剪的原则

（1）平衡树势，协调关系

通过对树体的修剪，调节地上部分与地下部分，树冠上下、内外，骨干枝之间生长势相对平衡，强者缓和，弱者复壮，只有树势均衡，生长中庸，才能达到丰产、稳产。

（2）主从分明，结构合理

各类枝的组成要主从分明，中心干的生长比各主枝强，主枝比侧枝强，而主枝间要求下强上弱，下大上小，保证下部的主枝逐级强于上部主枝，主侧枝又要强于辅养枝。一个枝组内的枝梢之间也有主从关系，为高产、稳产、延长丰产年限提供基础。

（3）通风透光，立体结果

修剪还必须以有利通风透光，达到立体结果为原则，骨架要牢、大枝要少、小枝要多、枝组间拉开间距。

（4）因势利导，灵活运用

修剪虽有比较统一的要求和基本一致的剪法，但具体到每一个椒园，其树形、枝梢各式各样，同时基于树龄、土质、管理条件等不同，实际修剪时灵活性很大，应根据具体情况灵活运用。例如，幼年树不能过于强调整形，要适当多留密生小枝（辅养枝），以用于养根、养干、养树，提早结果，以后再逐年回缩。

（5）配合其他措施，提高经济效益

修剪的调节作用有一定的局限性，它本身不能提供养分和水分，因而不能代替土、肥、水等栽培管理措施，修剪必须与其他措施紧密配合，在良好的土、肥、水管理和病虫防治的基础上合理运用，才能达到预期效果，提高经济效益。

此外，任何一项栽培措施都必须考虑经济效益，如整形修剪所投入人力、物力的成本大于其获得的收益，则没有必要进行修剪。因此，椒树的修剪必须以提高椒园经济效益为原则，通过修剪，最大限度地提高青花椒的产量和品质。

7.1.3 整形修剪的依据

除遵循一定的修剪原则外，还必须以下列基本因素为依据，才能发挥修剪应有的作用。

（1）自然条件

不同的自然条件对青花椒树的生长和结果会产生不同的影响，因此，整形修剪时应因地制宜采取适当的整形修剪方法，才能达到预期的效果。一般土层深厚肥沃、肥水比较充足的地方，青花椒树生长茂盛，枝条冠大，对修剪反应比较敏感，修剪应适当轻些，多疏剪少短截；反之，在土壤瘠薄、肥水不足的山地及沙荒或地下水位高的地方，青花椒树生长较弱，对修剪反应敏感性差，修剪量应稍重一些，多短截少疏剪。所谓“看天、看地、看树”，就是根据自然条件和树势强弱的不同，确定适宜的修剪方法和程度。

（2）树龄

幼树生长旺盛，栽培要求是提早成形、适量结果，此期以整形为主，修剪宜轻。

结果初期除继续形成骨干枝外，还要注重枝组的培养，控旺促花，保花保果，实现早期丰产。

结果盛期树势渐趋缓和，通过修剪维持营养生长与生殖生长的平衡关系，防止大小年发生，同时应注重枝组内的更新复壮，改善内膛通风透光条件，防止结果部位外移，尽可能延长盛果期年限。

结果后期应适当重剪回缩，利用更新枝复壮，配合改土断根，增施肥水更新根系。同时，要疏花疏果，延缓衰老。

（3）树体结构

整形修剪时要考虑骨干枝和结果枝组的数量比例，分布位置，生长势是否合理、是否平衡和协调。如配置分布不当，会出现主从不清、枝条紊乱、重叠拥挤、通风透光不良、各部分发展不平衡等现象，需通过逐年修剪予以解决。各类结果枝组的数量多少、配置与分布是否适当、枝条内营养枝和结果枝的比例及生长情况，都直接影响光合作用，影响枝组寿命和高产稳产。

（4）结果枝和花芽量

不同树龄的结果枝和营养枝应有适当比例。花芽数量和质量是反映树体营养的重要标志，营养枝芽壮、花芽多、肥大饱满、着生角度大而突出，说明树体健壮；反之，则树体衰弱。修剪时，应根据具体情况恰当地确定结果枝和花芽留存量，以保持树势健壮、高产稳产。

此外，在具体修剪时还应实地观察，从新梢的数量、粗度、长度看树势强弱；从营养枝与结果枝的比例看树体生长与结果的平衡；从大枝和结果枝组的分布看树体的结构，综合判断后才能有针对性地提出修剪方案。

7.1.4 整形修剪的方法

（1）休眠期修剪方法

① 短截。即剪去1年生枝条的一部分、留下一部分，是修剪的重要方法之一，也叫短剪。短截的作用是促发多而健壮的新梢，降低分枝部位，控制树冠过快增长，增加分枝级数。依据剪留枝条的长短，分为轻短截、中短截、重短截和极重短截。

轻短截：剪去枝条先端的1/4～1/3，截后易形成较多的中短枝，单枝生长量较弱；但总生长量大，母枝加粗生长快，可缓和枝势。

中短截：在枝条春梢中上部分（枝条的1/2）的饱满芽处短截，截后易形成较多的中长枝，成枝力高，单枝生长势较弱。

重短截：在枝条中下部分（枝条的2/3）短截，截后在剪口下易抽生1～2个旺枝，生长势较强，成枝力较低，总生长量较少。

极重短截：截到枝条基部弱芽上，能萌发1～3个中短枝，成枝力低，生长势弱。

② 疏剪。也叫疏枝，即把枝条从基部全部剪除，不留基桩的修剪方法。其作用主要是减少营养消耗，调整树体结构，平衡营养生长与生殖生长，改善光照条件。

疏剪时，应疏剪枯死枝、病虫枝、交叉枝、重叠枝、竞争枝、细弱枝、徒长枝、过密枝等无保留价值的枝条，节省养分，增强通风透光，平衡树势，调整树冠结构，维持树体结构。

③ 缩剪。又叫回缩，即剪去一部分多年生枝，主要用于老枝的更新复壮。缩剪可以降低先端优势的位置，改变延长枝的方向，改善通风透光条件，控制树冠扩大。每年对全树或枝组的缩

剪程度，要依树势、树龄及枝条多少而定，做到逐年回缩、交替更新。

（2）生长期修剪方法

① 摘心。枝梢未停止生长前，将先端摘除叫摘心，其作用是避免养分的无效消耗，缩短枝梢生长期，促进分枝。对将要停长的新梢摘心，可促进枝芽充实。

② 疏芽、疏梢、疏枝。从萌芽至未展叶前将芽抹除称疏芽，到展叶后疏除称疏梢，枝梢停长后疏除称疏枝。从节约树体养分和节约用工出发，疏芽优于疏梢，疏梢优于疏枝。因此，生产上不需要的萌芽，如丛生芽、密生芽，主干主枝上的潜伏芽等应尽早抹除。

③ 拉枝、吊枝、撑枝。将 1 ~ 2 年生枝生长角度及方位进行调整，增大、减少或水平移动时需要对枝条进行拉、吊、撑（图 8）。常用于幼树整形，以培养合理的树冠骨干枝，平衡各主枝长势。

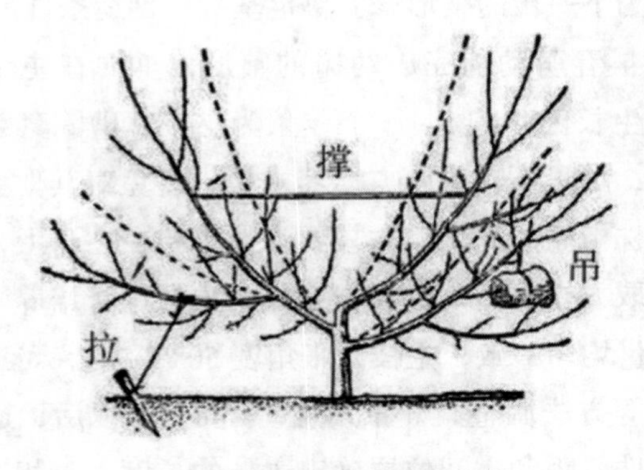

图 8 枝条开张角方法示意图

7.2 不同年龄椒树整形修剪

7.2.1 幼树期整形修剪

（1）定干

幼树栽植成活后即可定干，定干高度根据树形、是否间作而定。青花椒矮化密植栽培中，常采用开心形的丰产树形，一般定干高度为 60 厘米左右，选取饱满壮芽，在距芽上方 1 厘米左右处定干。

（2）主枝的培养

幼树的整形修剪，一般遵循“一混二整三成形”的原则，即栽植当年，基本不修剪，尽可能利用幼苗萌发的枝叶，扩大光合作用的营养空间，恢复和增强树势，促进根系发育生长，扩大根系生长量，为下一步的整形修剪奠定基础，创造条件。

第二年早春萌动前完成幼树的整形修剪。在主干上，选择方位合适、生长健壮的 3 ~ 5 个枝条为主枝，剪除其余的枝条。选留枝条时，尽量不在正南方培养主枝，避免对其他主枝造成遮阴，影响整株椒树的光照。主枝要均衡排布在主干上，以充分利用空间。选取方位合适的健壮枝条作为主枝进行培养。每个主枝间的夹角尽量均匀一致，主枝开张角度 50° 左右，可通过拉枝、撑枝、压枝等方法调整其开张角度（图 8）。以后，逐年延长主枝长度，视株行距和空间位置确定主枝的长度，以相互不交叉、郁闭为度。

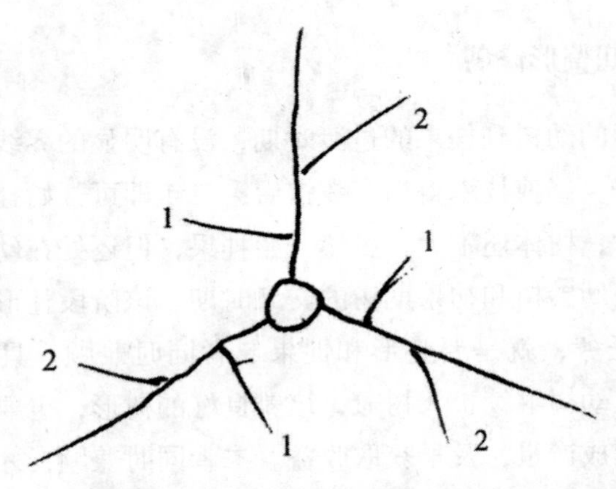

1. 各主枝上的第一侧枝 2. 各主枝上的第二侧枝

图 9 幼树主、侧枝培养俯视示意图

（3）侧枝的培养

在每个主枝上，距离主干 30 厘米左右，顺时针（或逆时针）方向，选取主枝侧面斜向上的枝条，留作第一侧枝进行培养。在距第一侧枝 30 厘米左右的对侧（如果第一主枝是顺时针方向，第二主枝则是逆时针方向），选取方位合适，着生在主枝侧面斜向上的枝条留作第二侧枝。以后，用同样的方法，在距第二侧枝 30 厘米左右的对侧，选留第三侧枝。这样交错、均衡、螺旋状的排列，不仅树势均衡，有利于空间的充分利用，也有利于通风透光（图 9）。

侧枝的培养，可随着树体的长大，树冠的扩展，主枝的培养，逐年完成。侧枝的长度，以枝条之间相互不交叉、不重叠为宜。枝条开张角度小，方位不合适时，可用撑、拉和吊等方法进行适度调整。

7.2.2 初果期整形修剪

建园后的幼树到挂果的过渡时期，没有明显的界线，青花椒树管理得好，修剪技术得当，栽植后第二年即可开始挂果进入初果期。此时，树体还不大，虽然开始挂果，但还处在幼树阶段，也可以说是幼龄树和初果期树的交叉时期。该阶段整形修剪的主要目的和任务，就是要整形和促果二者同时兼顾，具有双重作用，既要使幼树继续扩大树冠，培养良好的树形，也要促使其尽快挂果，形成产量，及早获取收益。二者同时兼顾，才能培养良好树形、培养骨干枝的同时培养结果枝组。

这一阶段树形的培养，主要是骨干枝和结果枝组的培养。首先是主枝的培养，如果主枝不够长，还有培养空间，则继续促使主枝的延伸生长；如果主枝已到培养长度，可通过及时摘心促发侧枝。为使主枝快速健壮地生长，早春萌动前，在主枝上端方位合适的健壮饱满芽处进行剪截，促发壮枝，引领主枝生长，即可培养粗壮的主枝。主枝开张角度较小的，及时拉枝、开张角度；及时抹除无用萌芽，避免形成竞争，扰乱树形。

未被选为侧枝的大枝，可做辅养枝进行培养。既可以增加枝叶量、积累养分，又可增加产量。只要不影响骨干枝的生长，应该轻剪缓放，尽量增加结果量。对影响骨干枝生长的，视其影响的程度，或去强留弱、适当疏除，或轻度回缩。

7.2.3 盛果期整形修剪

盛果期青花椒树修剪的目的，主要是调节营养生长与生殖生长的平衡，维持树体健壮，延长结果年限。

目前，在西南地区海拔 800 米以下的青花椒适生区，以及在海拔 1 200 米以下的水热条件较好的青花椒适生区，均可采用“采收修剪一体化”技术（图 10 ~ 11）进行修枝整形和果实采收。不同于传统的在青花椒树上采果后、在冬季进行枝条修剪，它是在青花椒果实成熟时，把青花椒的果实采收和枝条修剪结合，采收青花椒的同时进行枝条的修剪，为来年的丰产和稳产奠定坚实基础的一项开创性技术。它将青花椒树体修枝整形、结果枝组更新和果实采收同时同步进行，解决了结果枝组衰老、老枝结果能力下降和病虫害严重等生产问题。

具体操作方法如下：

（1）主干和主枝培育

在水热条件较好的青花椒适宜种植区，建立矮化密植（株行距 2 米 ×3 米）的青花椒园，植株主干高 40 ~ 60 厘米，培养三主枝开心型树形，每株树丰产期前在主枝上培养 30 ~ 60 个结果枝。

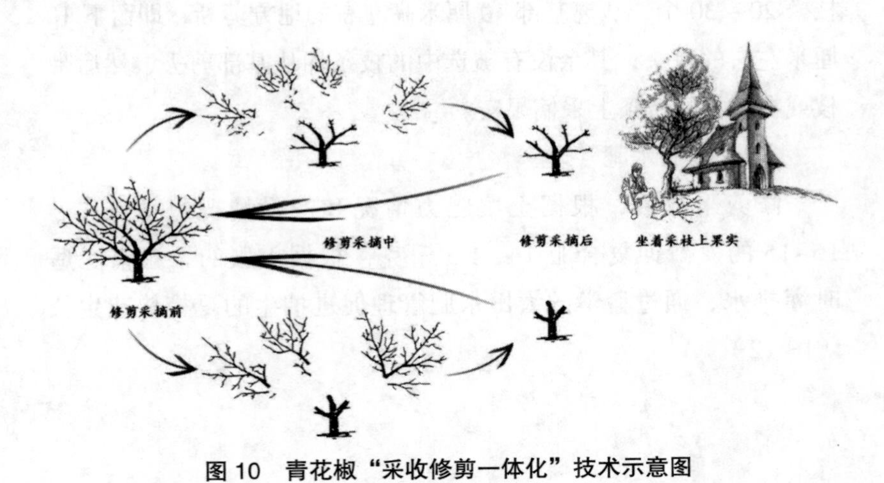

图 10 青花椒“采收修剪一体化”技术示意图

图 11 青花椒“采收修剪一体化”技术现场采收

（2）枝条修剪与果实采收

于每年果实成熟期（6 月上旬至 7 月上旬），在每株树上以主干为中心，直径 60 ~ 80 厘米范围内，选相对均匀分布的健壮枝条 20 ~ 30 个，从离基部 10 厘米高左右的地方剪断，即留下 10 厘米左右的桩头，其余没有被选中的枝条均从基部剪去，然后带枝或在剪下的枝条上采摘果实。

（3）采后水肥管理

修剪采收后，根据土壤肥力情况和产量情况每株施 15-15-15 的氮磷钾复合肥 1 ~ 1.5 千克，根据土壤的干湿情况适时灌排水，通过科学的大田水肥管理促进抽生的夏梢快速生长（图 12）。

图 12　采收修剪后抽生的夏梢

（4）夏梢选留管理

待主枝和留下的桩头上长出的夏梢长平均约 10 厘米时，选留均匀分布且生长健壮的夏梢 50 个左右，其余夏梢和秋梢均全部适时去掉。

（5）枝梢叶面营养与花芽促分化

根据夏梢枝条的生长情况适时喷施叶面药肥，在 8 月底、9 月中旬和 9 月底各喷一次 500 ~ 800 倍烯效唑与 0.2% ~ 0.3% 磷酸二氢钾的药肥复配液，通过高效的叶面药肥施用技术提高夏梢木质化程度和抗寒能力及花芽分化；于 11 月下旬至 12 月初青花椒枝梢停止生长或生长较缓慢时，截去夏梢顶部 2 ~ 3 厘米长且相对幼嫩的梢头部分，进一步促进枝梢木质化和花芽分化，确保第二年正常的开花挂果（图 13）。

图 13　采收修剪后抽梢形成的枝条

特别注意事项：

① 修剪采收后要注意水肥管理，促进夏梢的早抽生和生长，不能因缺水缺肥而影响夏梢生长。

② 应严格在适宜海拔地区和适宜水热条件下推广应用，避免因海拔高和水热条件不好而使夏梢生长期不够，不能充分木质化、花芽分化和形成有效结果枝组。

③ 科学合理施用叶面药肥复配液，促进夏梢木质化和花芽分化。

7.2.4 衰老期整形修剪

青花椒进入衰老期，树势衰弱，骨干枝先端下垂，大枝枯死，外围枝生长很短、多变为中短果枝，结椒部位外移，产量开始下降。但衰老期是一个很长的时期，如果在树体刚衰退时，能及时对枝头和枝组进行更新修剪，就可以延缓衰退程度，仍然可以获得较高的产量。衰老期修剪的主要任务是及时而适度地进行结果枝组和骨干枝的更新复壮，培养新的枝组，即采取回缩更新复壮的修剪手法。于休眠期，在老化结果枝的基部较为光滑的部位进行回缩更新，第二年春季即可萌发出新的枝条。在萌发的枝条中，选留方位合适的健壮枝条，通过摘心、拉枝等技术措施，将其培养为新的结果枝和结果枝组。

对于老化的结果树和结果枝，不可一次性将老化枝条全部回缩更新复壮，这样既影响当年的产量和收益，又影响树势的均衡稳定，一定要逐年完成。第一年，选取一个最为老化的结果枝进行回缩更新，待新的枝条培养成功后，再选取另一老化衰弱枝进行回缩更新。这样，既对青花椒产量没有大的影响，不影响当年收益，又能逐步将结果能力差的老化枝，更换为丰产稳产的结果枝。这样循环往复，即可培育出老、中、青相结合的结果枝组，使树体保持旺盛的生命力和持续结果能力。

8 青花椒病虫害综合防治

8.1 椒园农药安全使用的要求

8.1.1 禁止使用的农药

禁止使用的农药有：有机砷类杀菌剂福美胂（高残留），有机氯类杀虫剂六六六、滴滴涕（高残留）、三氯杀螨醇（含滴滴涕），有机磷杀虫剂甲拌磷、乙拌磷、久效磷、对硫磷、甲基对硫磷、甲胺磷、甲基异柳磷、氧化乐果（高毒），氨基甲酸酯类杀虫剂克威、涕灭威、灭多威（高毒），以及二甲基甲脒类杀虫杀螨剂杀虫脒（慢性中毒、致癌）等。

8.1.2 允许使用的农药

（1）杀虫剂

① 苦参碱。用有机溶剂从苦参（中草药植物）的根、茎、叶及果实中提取，是一种天然植物性农药，对人、畜低毒，属于广谱杀虫剂，具有触杀和胃毒作用，对凤蝶、蚜虫、红蜘蛛有很好的防治效果。注意要点：本品无内吸性，故喷药需均匀周到。

② 机油乳剂。其不易发生药害，一年四季皆可使用，对成虫具有直接触杀、驱避及减少产卵的作用。本品属低毒类农药，对人畜和植物都较安全。在配制药液时，先在容器内加入一定量的水，再往水中加入规定用量的机油乳剂，再加足水量；如与其他农药混用，应先将其他农药和水混匀后再倒入机油乳剂，不可颠倒。为防止出现药水分离现象，应不断搅拌。

③ 吡虫啉。属动物源新一代氯代尼古丁杀虫剂，低毒、低残留，害虫不易产生抗药性、对人、畜、植物及害虫天敌均比较安全。近年来在青花椒园里使用普遍。剂型有2.5%、10%及20%可湿性粉剂，5%油乳剂等。主要用于防治蚜虫，多使用5%乳油2 000～3 000倍液，或10%粉剂4 000～6 000倍液。

④ 灭幼脲。属动物源特异性杀虫剂，通过抑制害虫表皮几丁质合成，致幼虫不能正常蜕皮而死。低毒，对人、畜和植物安全，对害虫天敌副作用小，对鳞翅目及双翅目害虫的幼虫有特效。主要用于防治刺蛾等害虫。本品药效慢，须在低龄幼虫期用，不能与碱性农药混用。

⑤ 扑虱灵。属昆虫性生长调节剂类杀虫剂，低毒，对人、畜植物及害虫天敌安全。主要用于蚧壳虫、粉虱及夜蛾等的防治，需在害虫幼虫期、若虫期使用。不杀成虫，防治青花椒蚧壳虫可在幼蚧、若蚧发生盛期喷25%可湿性粉剂1 500～2 000倍液。

⑥ 辛硫磷。一种广谱、低毒、低残留有机磷杀虫剂。通过抑制害虫胆碱酯酶的活性使其中毒死亡。杀虫谱广，速效性好，残效期短，遇光易分解。对害虫以触杀和胃毒作用为主，无内吸性，但有一定的熏蒸作用和渗透性。对人、畜低毒，对蜜蜂和天敌高毒。主要防治蚜虫等害虫。一般用50%乳油1 000～1 500倍液喷施。注意：该药剂遇光极易分解失效，应避免在中午强光

下喷药。药剂贮存于阴凉避光处。大豆、瓜类以及十字花科蔬菜对辛硫磷敏感，如椒园内及其周围有这些作物要慎用。

⑦ 螨死净。具有高度活性的专用杀螨剂，对害螨的卵和幼螨、若螨均有较高的杀伤能力，虽不杀成螨，但可显著降低雌成虫的产卵量，产下的卵大部分不能正常孵化，孵化的幼螨也会很快死亡。对人、畜低毒，对天敌和植物安全，对温度不敏感，四季皆可用。在青花椒开花前后，山楂叶螨集中发生期，喷施20%螨死净2 000 ~ 3 000倍液或50%螨死净5 000 ~ 6 000倍液。注意：螨死净和尼索朗有交互抗性，在长期使用过尼索朗的椒园不要使用。

⑧ 尼索朗。专用杀螨剂，主要是触杀和胃毒作用，无内吸性，但有较强的渗透能力，耐雨水冲刷。对螨卵和若螨杀伤力极强，不杀成螨，但能显著抑制雌螨所产卵的孵化率。对人、畜低毒。可与多种杀虫剂、杀菌剂混用，亦可与波尔多液、石硫合剂等碱性农药混用。对温度不敏感，在不同温度下使用效果无差异。主要在害螨产卵盛期和幼螨、若螨集中发生期，用5%乳油或可湿性粉剂1 000 ~ 2 000倍液均匀喷雾。注意：该药无内吸性，喷药要均匀周到。

⑨ 克螨特。高效、低毒、广谱性有机硫杀螨剂，对害螨具有触杀和胃毒作用，但无内吸性和渗透传导作用。对成螨和幼螨、若螨效果好，杀卵效果差。气温在20 ℃以上效果好。可用73%克螨特乳油2 000 ~ 3 000倍液防治青花椒树上的山楂叶螨。

⑩ 倍乐霸。有机锡类杀螨剂，对害虫主要是触杀作用，无内吸传导作用。对幼螨、若螨杀伤力强。本品属感温性农药，低温时药效缓慢，高温时效果好。可在开花前后和麦收前后用1 000 ~ 2 000倍液喷雾防治青花椒树山楂叶中螨。

⑪ 三氯氟氰菊酯。拟除虫菊酯类的广谱性杀虫剂、杀螨剂，该药剂杀虫活性高，药效迅速。具有触杀和胃毒作用，无内吸性，但对部分害虫有杀卵和驱避作用。主要防治蚜虫，并可兼治叶螨。使用剂量为 2.5% 功夫乳油 2 500 ~ 3 000 倍液。

⑫ 杀灭菊酯。拟除虫菊酯类杀虫剂，对害虫有触杀和胃毒作用，无内吸和熏蒸作用，但有一定的驱避作用。该药品在低温下使用比高温效果好。该药品可防治蚜虫、刺蛾等。使用剂量为 20% 杀灭菊酯 2 500 ~ 3 000 倍液。

⑬ 阿维菌素。属昆虫神经毒剂，主要干扰害虫神经生理活动，使其麻痹中毒而死亡。具有触杀和胃毒作用，无内吸性，但有较强的渗透作用，并能在植物体内横向传导。本药剂具有高效，广谱，低毒，害虫不易产生抗性，对害虫天敌安全等特点。在虫（螨）害发生初期施药时，用 1.8% 乳油 5 000 ~ 8 000 倍液防治。

（2）杀菌剂

① 石硫合剂。是能杀菌又能杀虫、杀螨的无机硫制剂，有较强的渗透和侵蚀病菌细胞壁及害虫体壁的能力，可直接杀死病菌和害虫。商品石硫合剂的原液浓度一般在 32 波美度以上，在农村自行熬制的浓度在 22 ~ 28 波美度。使用前应先用波美度表测定原液的浓度，然后根据要使用的浓度加水稀释。

在青花椒休眠期和发生期，用 3 ~ 5 波美度石硫合剂，可防治青花椒叶锈病，并可防治青花椒山楂叶螨的出蛰成螨、蚧壳虫等害虫；生长季，用 0.3 ~ 0.5 波美度石硫合剂，可防治青花椒叶锈病等，并可兼治山楂叶螨（红蜘蛛）等害虫。具体配制方法详见附录 1。

② 波尔多液。是一种保护性杀菌剂，具有杀菌谱广、持效期

长、病菌不会产生抗体、对人畜低毒等特点，是应用历史最长的一种杀菌剂。生产上的波尔多液比例有：石灰等量式（硫酸铜：生石灰 =1：1），倍量式（1：2），半量式（1：0.5）和多量式[1：（3 ~ 5）]。具体配制方法详见附录 2。

③ 代森锰锌。属于有机硫类保护性杀菌剂，它抑制病菌体内丙酮酸的氧化，从而起到杀菌作用。具有高效、低毒、杀菌谱广、病菌不易产生抗药性的特点，且对青花椒缺锰、缺锌症有治疗作用。在青花椒树发病前或发病初期，用 70% 代森锰锌或 80% 代森锰锌 600 ~ 800 倍液防治锈病等。

④ 己唑醇。是甾醇脱甲基化抑制剂，破坏和阻止病菌细胞膜的重要组成成分麦角甾醇的生物合成，导致细胞膜不能形成，使病菌死亡。具有内吸、保护和治疗活性的特点。该药剂对锈病等有优异的保护和铲除作用。

⑤ 福美锌。可抑制 Cu^{2+} 或 HS^{-} 基因的酶活性，作为杀菌剂主要是叶面喷雾保护剂。混剂为 80% 福 · 福锌可湿性粉剂（50% 福美锌 +30% 福美双）、40% 福 · 福锌可湿性粉剂（25% 福美锌 +15% 福美双）。

（3）除草剂

① 敌草隆。尿素衍生物除草剂，于杂草发芽前使用，主要防治阔叶性杂草。通过抑制杂草的光合作用导致杂草死亡。高浓度时选择性对树体造成伤害，低毒。一年生幼树不能使用本品。敌草隆不能控制已发芽的多年生杂草。树龄在 2 年生以上的青花椒园才能使用敌草隆。

② 氨磺灵。选择性芽前除草剂，通过抑制杂草萌芽发挥作用，用于防治青花椒园一年生禾本科及阔叶杂草。施用前须清理干净地表，施后需有少量降水，除草剂才能起作用。

③ 二甲戊灵。选择性除草剂，防治禾本科及部分阔叶杂草。采前间隔期 60 天，栽后即可使用。通过抑制杂草萌芽起作用，对已萌芽的杂草无效。施用 21 天后有降水或浇水效果最好，低毒。

8.2 病虫害综合防治方法

病虫害的综合防治，是指从农业生态系统整体出发，充分考虑环境和所有生物种群，在最大限度地利用自然因素控制病虫害的前提下，将各种防治方法相互配合，把病虫害控制在经济允许的为害水平以下，以利于农业的可持续发展。病虫害的综合防治应遵循“预防为主，防治结合”的原则。

8.2.1 农业防治法

农业防治法是利用自然因素控制病虫害的具体体现，通过各种农事操作，创造有利于青花椒生长发育而不利于病虫害发生的环境，达到直接消灭或抑制病虫害发生的目的。如改变土壤的微生态环境、合理布局、轮作间作、抗病虫育种等。

8.2.2 物理机械防治法

应用各种物理因子、机械设备以及多种现代化工具防治病虫害的方法，称为物理机械防治法，如器械捕杀、诱集诱杀、太阳能杀虫灯的应用等。

8.2.3 生物防治法

利用有益生物及生物的代谢产物防治病虫害的方法，称为生物防治法，包括：保护自然天敌，人工繁殖释放和引进天敌，病原微生物及其代谢产物的利用，植物性农药的利用，以及其他有益生物的利用。该方法在病虫害综合治理中将越来越重要。

青花椒园常见害虫天敌资源有以下几种：

（1）瓢虫。是椒园中主要的捕食性天敌，以成虫和幼虫捕食各种蚜虫、叶螨及蚧壳虫等。瓢虫的捕食能力很强，1 头异色瓢虫成虫一天可以捕食 100 ~ 200 头蚜虫。1 头黑缘红瓢虫一生可捕食 2 000 头蚧壳虫。

（2）草蛉。是一类分布广、食量大，能捕食蚜虫、叶螨、蚧壳虫及鳞翅目低龄幼虫及卵的重要捕食性天敌。1 头普通草蛉一生能捕食 300 ~ 400 头蚜虫，1 000 余头叶螨。

（3）食蚜蝇。以捕食蚜虫为主，又能捕食蚧壳虫、蛾蝶类害虫的卵和初龄幼虫。它的成虫颇似蜜蜂，但腹部背面大多有黄色横带。每头食蚜蝇一生可捕食数百头至数千头蚜虫。

（4）蜘蛛。可分为结网性蜘蛛与狩猎型蜘蛛两大类。结网性蜘蛛在高处或地面用蛛丝结成不同大小的丝网。丝网既是生活住所，又是狩猎工具，落入网内的害虫很难逃生。狩猎蜘蛛不结网，无固定住所，常在地面、草丛、树上往返狩猎，捕食多种昆虫和甲壳动物。

（5）螳螂。是多种害虫的天敌，它分布广、捕食期长、食虫范围大，繁殖力强，在植被丰富的椒园中数量较多。螳螂的食性很杂，可捕食蚜虫、蛾蝶类、甲虫类、蝽类等 60 多种害虫。1 ~ 3 龄若虫喜食蚜虫。3 龄以后捕食体壁较软的鳞翅目害虫。

成虫则捕食蚜虫、棉铃虫等多种害虫。螳螂的食量很大。每头3龄若虫可捕食近200头蚜虫，110头棉铃虫幼虫。

青花椒树属多年生经济林木，生态环境比较稳定，易受到多种害虫为害，但捕食害虫的天敌种类也很多，且数量庞大，这对害虫种群数量扩增构成一种控制因素。如果没有天敌的控制，害虫会以惊人的速度繁殖。一些椒园长期不合理地使用杀虫剂，从而使害虫天敌数量锐减，导致害虫更加猖獗。因此，应采取积极措施保护青花椒害虫的天敌，充分发挥它们对害虫的自然控制作用。保护天敌的措施如下：

（1）改善椒园的生态环境。创造一个适宜天敌生存和繁殖的环境条件，是保护天敌的重要措施。椒园生草可为天敌提供一个良好的活动场所。

（2）刮树皮及收集虫果、虫枝、虫叶时注意保护天敌。枝干鞘皮里及裂缝处是山楂叶螨等害虫的越冬场所，因此休眠期刮树皮是消灭这些害虫的有效措施。但要注意，一些天敌也是在树皮裂缝处或树穴里越冬的。为了既能消灭虫害又能保护天敌，应将冬天刮树皮改为春季开花前刮，此时大多数天敌已出蛰活动。如刮治时间早，可将刮下的树皮放在粗纱网内，待天敌出蛰后再烧掉树皮。虫果、虫枝、虫叶中常带有多种寄生性天敌，因此可以把收集起来的这些虫果、虫枝及虫叶放于大纱网笼内，饲养一段时间，待天敌与害虫比例合适时释放。

（3）有选择地使用杀虫剂。选择使用高效、低毒、对天敌杀伤力小的农药品种。一般来说生物源性杀虫剂对天敌的危害轻，尤其是微生物农药比较安全。化学源性农药中的有机磷、氨基甲酸酯杀虫剂对天敌的杀伤作用最大，菊酯类杀虫剂对天敌的危害也很大，昆虫生长调节剂类对天敌则比较安全。

另外，要根据椒园里天敌、害虫的比例作喷药决策，不要见害虫就喷药。例如对叶螨类害虫，当天敌、害虫比例在 1∶30 以下时可不喷药，当天敌、害虫比例超过 1∶50 时，需喷药防治。在全年的防治计划中，要抓住早春害虫出蛰期防治。压低生长期的害虫基数可以有效减轻后期的防治压力，减少夏季的喷药次数。喷药时注意交替使用杀虫机制不同的杀虫剂，尽可能降低喷药浓度和用药次数。

（4）人工释放天敌。由于多数天敌的群体发育落后于害虫，因此单靠天敌本身的自然增殖很难控制住害虫的危害。在害虫发生初期，自然天敌不足时，提前释放一定量的天敌，可以取得满意的防治效果。

8.2.4 化学防治法

（1）化学农药的合理使用

农药的使用应遵循经济、安全、有效、简便的原则，避免盲目施药、乱施药、滥施药。具体来讲，应掌握以下几点：

① 对症下药。根据病虫害发生种类和数量决定是否要防治，如需防治应选择正确的农药施用。不要看人家打药就跟着打，不要隔几天就防治一次（打所谓的“保险药”），更不要用错药。

② 适时用药。根据病虫害发生时期、发育进度和青花椒的生长阶段，选择最合适的时间用药，这个最适时间一般在：病害暴发流行之前；害虫在未大量取食或钻蛀为害前的低龄阶段；病虫对药物最敏感的发育阶段；青花椒对病虫最敏感的生长阶段。

③ 科学施药。一是选用新型的施药器械，效率高、损耗低、效果好。二是用药量不能随意加大，应严格按推荐用量使用。三是用水量要适宜，以保证药液能均匀洒在青花椒叶片上，用药液

量视椒树群体的大小及施药器械而定。四是对准靶标位置施药，如锈病的施药位置是叶的背面。五是施药时间一般应避免晴热高温的中午，大风和下雨天也不能施药。六是坚持“安全间隔期”，即在青花椒收获前的一段时间内禁止施药。

（2）化学农药施后禁入期及采前禁用期

椒园喷药后，园内有一定的危险性，在一定时间内禁止人畜进入。采前禁用期则是为了减少农药在青花椒果实里的残留，保证品质安全，喷药距采收必须间隔一定天数，一般为 1 个月。

（3）青花椒园生产中用药十戒

在椒园管理中科学用药是防治有害生物的主要措施之一。掌握正确的农药使用方法，既能保证用药安全，提高防治效果，还能降低生产成本，保护环境。

① 戒盲目用药。根据田间病虫害发生情况监测，按病虫害实际发生情况，结合季节气候变化，突出防治重点，适时适量用药，以降低成本，提高防治效果。

② 戒使用低价劣质农药。尽量选用大众化的常用农药，对于新研发的农药应坚持先试验后推广的方法，增强防范假冒伪劣产品的意识。

③ 戒使用高毒高残留农药。高毒高残留农药的使用一方面会加剧农业环境污染，杀伤大量天敌，破坏生态平衡，导致病虫害泛滥成灾；另一方面又严重危害人的健康。应当坚决拒绝使用此类农药。

④ 戒胡乱配药。用药前详细阅读使用说明书，并在技术人员的指导下科学合理配药，以提高用药安全及防治效果。

⑤ 戒不分剂型使用农药。一般乳油剂的防治效果优于可湿性粉剂，可湿性粉剂优于微乳剂，微乳剂优于水剂。合理选用剂

型，可提高用药安全性。对于反复发生、繁殖速度快、极易成灾的病虫害，最好采用乳油制剂，敏感性药物应尽量选用水剂或微乳剂，绝大部分情况可使用可湿性粉剂。

⑥ 戒随意加大农药配比。以农药使用说明书推荐浓度为宜，不要随意加大农药使用浓度。否则会加快病虫的抗药性，增大防治难度和发生药害，造成不必要的损失。

⑦ 戒随意增加喷药次数。根据当地实际病虫害发生情况确定喷药次数，不要随意增加喷药次数，以控制生产成本，真正实现农药用量零增长。

⑧ 戒延期用药。病害以预防为主，虫害在卵期和孵化期为关键期，要抓紧用药。一旦病害症状出现，即害虫蛀果、食叶或蛀干后，会极大地增加防治难度，降低防治效果。

⑨ 戒不分时期无选择用药。花期一般不使用农药；杀菌剂药效在 7 天左右，杀虫剂药效在 15 天左右，采收前 30 天内严禁用药。

⑩ 戒多次选用广谱性药剂。广谱性药剂使用过多，会导致病虫的抗药性提高，破坏农业生态平衡。应尽量控制广谱性药剂的使用，以采用特效药物防治为主。如用阿维菌素防治螨类、用苦参碱防治蚜虫、用矿物油制剂防治蚧壳虫，这样有针对性地防治病虫害，可很好地保护天敌，维持生物链的平衡。

（4）化学农药的管理及安全操作

农药是有毒的，在使用和贮藏过程中，务必要注意安全，防止中毒。

① 孕妇、哺乳期妇女及体弱有病者不宜施药。

② 施药者应穿长衣裤，戴好口罩及手套，尽量避免皮肤及口鼻与农药接触。

③ 施药时不能吸烟、喝水和吃食物。

④ 一次施药时间不宜过长，最好在 4 小时内。

⑤ 接触农药后要用肥皂清洗，包括衣物。

⑥ 药具用后清洗要避开人畜饮用水源。

⑦ 农药包装废弃物要妥善收集处理，不能随便乱扔。

⑧ 农药应封闭贮藏于背光、阴凉、干燥处。

⑨ 农药存放应远离食品、饮料、饲料及日用品。

⑩ 农药应存放在儿童和牲畜接触不到的地方。

⑪ 农药不能与碱性物质混放。

⑫ 一旦发生农药中毒，应立即送医院抢救治疗。

8.3 主要病害及其防治措施

8.3.1 锈病

（1）病害症状

锈病是一种真菌性病害，主要为害青花椒叶片。发病初期，在叶的背面出现圆形点状淡黄色或锈红色病斑，即散生的夏孢子堆，呈不规则的环状排列。继而病斑增多，严重时扩展到全叶，使叶片枯黄脱落。秋季在病叶背面出现橙红色或黑褐色凸起的冬孢子堆。

（2）发生规律

此病的发生时间与严重程度，因地区、气候不同而异。一般在每年 6 月上中旬开始发病，7 月至 9 月为发病盛期。病菌夏孢子借风力传播，阴雨潮湿天气发病严重，少雨干旱天气发病较轻。

发病轻重与树势强弱关系密切，树势强壮，抵抗病菌侵染能力强，发病就较轻；树势衰弱，则发病较重。发病首先从通风透光不良的树冠下部叶片感染，以后逐渐向树冠上部扩散。

（3）防治方法

① 加强栽培管理，增强树体抗病能力。适时合理施肥灌水、铲除杂草、正确修剪，促进和改善株间和树冠内的通风透光，促进树体生长，增强抗病能力。

② 及时剪除病枝和枯枝，清除园内及树下的落叶及杂草，集中烧毁，减少越冬病菌源。

③ 发病初期或未发病时，喷施 200 倍石灰过量式波尔多液或 0.3 ~ 0.4 波美度的石硫合剂。对已发病的植株，可喷 15% 的粉锈宁可湿性粉剂 1 000 倍液，可控制夏孢子堆的产生。发病盛期，喷 65% 可湿性代森锌粉剂 400 ~ 500 倍液，或粉锈宁可湿性粉剂 1 000 ~ 1 500 倍液。

8.3.2 膏药病

（1）病害症状

主要发生在枝条上，因为病部菌丝密集交错，形成圆形或椭圆形不规则膜，紧贴在青花椒树枝干上，与膏药相似，所以称为膏药病。发病处有灰黑色、茶褐色、紫褐色圆形或椭圆形不规则病斑，上面覆盖像薄纱一样的霉状物。轻者使枝干生长不良，挂果少；重者导致枝干枯死。

（2）发生规律

膏药病属于真菌性病害，其发生与树龄、环境湿度以及品种有关。一般发生在阴蔽、潮湿的成年椒园里。该病发生与蚧壳虫危害有关，膏药病菌以蚧壳虫分泌的蜜露为营养，故蚧壳虫危害严重的青花椒园，膏药病发病一般也严重。

（3）防治方法

① 加强管理，适当修剪，除去枯枝落叶，降低青花椒园湿度。

② 控制栽培密度，尤其是在盛果期老熟青花椒园，密度过大、田间阴蔽时应适当间伐。

③ 用 4～5 波美度石硫合剂涂抹病斑。

④ 加强蚧壳虫的防治。冬季喷 5% 柴油乳剂，芽膨大期喷含油量 4%～5% 的机油乳剂。

8.4 主要害虫及其防治措施

8.4.1 蚜虫

（1）为害特点

又叫绵虫，俗称蜜虫、腻虫、油虫。以成蚜或若蚜群集在青花椒的细嫩部分为害，刺吸各部位的营养汁液。被害叶片出现黄色斑点和皱缩现象，光合能力降低，导致生长发育缓慢，严重发生时叶片变黄干枯，植株死亡。

（2）形态特征

有翅胎生雌蚜：体长 1.2～1.9 毫米，虫体黄色、淡绿色或深绿色，触角比身体短，翅透明，中脉三分岔。

无翅胎生雌蚜：体长 1.5～1.9 毫米，虫体有黄色、黄绿色、深绿色、暗绿色等，触角为体长的 1/2 或稍长。前胸背板的两侧各有 1 个锥形小乳突。腹管黑色或青色。

卵：椭圆形，长 0.5 ~ 0.7 毫米，初产时为橙黄色，后转深褐色，最后为黑色，有光泽。

有翅若蚜：夏季为黄褐色或黄绿色，秋季为灰黄色，2 龄虫出现翅芽，翅芽黑褐色。

无翅若蚜：夏季体色淡黄，秋季体色蓝灰或蓝绿。

（3）发生规律

蚜虫的卵在青花椒芽体或树皮裂缝中越冬。翌年 2 月下旬至 3 月上旬，萌芽后，越冬卵孵化，无翅胎生雌蚜出生，在嫩梢上为害。之后，产生有翅胎生雌蚜，迁飞各处为害。蚜虫繁殖能力很强，早春和晚秋气温较低时 10 多天 1 代，天气温暖时 4 ~ 5 天 1 代，一生可产生小蚜 60 ~ 80 头。10 ~ 11 月份产生有性蚜，交尾后在花椒枝干上产卵越冬。

（4）防治方法

① 农业防治。秋末及时清洁花椒园，拔除园内杂草，减少蚜虫越冬场所；青花椒生长期加强田间管理，及时清除椒园内的杂草，以减少蚜虫来源。

② 物理防治。利用有翅成蚜对黄色、橙黄色有较强趋性的特点，可直接悬挂黄板诱杀；根据蚜虫对银灰色有较强驱避性的特点，可在椒园悬挂银灰色塑料条或覆盖银灰色地膜驱避蚜虫。

③ 生物防治。蚜虫的天敌较多，有瓢虫、食蚜蝇、蜘蛛等，生产中应加以保护和利用，以发挥天敌对蚜虫的自然控制作用。

④ 化学防治。在蚜虫发生初期，当田间蚜虫发生在点片阶段时，可用 10% 吡虫啉可湿性粉剂 3 000 倍液或 3% 啶虫脒乳油 2 500 倍液、1% 除虫苦参碱微囊悬浮剂 600 倍液进行喷雾；在青花椒生长期，若蚜虫发生严重，可选用 1.8% 阿维菌素 2 000 倍液

或 10% 吡虫啉可湿性粉剂 3 000 倍液喷雾防治。

8.4.2 凤蝶

（1）为害特点

为害青花椒的凤蝶属鳞翅目凤蝶科，是青花椒产区普遍发生的害虫之一。该虫主要是幼虫为害叶片，尤其喜食嫩芽、叶及嫩梢，受害幼树的枝干常弯曲多节，对青花椒的生长发育和结实影响极大。

（2）形态特征

成虫体长 18 ~ 30 毫米，翅展 66 ~ 120 毫米。体色黄绿，体背有黑色背中线。翅黄绿色或黄色，沿脉纹两侧黑色，外缘有黑宽带，带的中间前翅有 8 个、后翅有 6 个黄绿色新月形斑，前翅中室端部有 2 个黑斑，基部有几条黑色纵线，后翅外缘呈波状，并有一尾状突，黑带中散生蓝色鳞粉，臀角处有一橙黄色圆斑纹。卵圆球形，直径约 1.5 毫米，稍扁，初产乳白色，后为深黄色，孵化前紫黑色。卵常产在叶背或芽上，每处一粒。幼虫初龄黑褐色，头尾黄白，似鸟粪，老熟时全体绿色，体长 40 ~ 45 毫米，前胸节背面有一对橙色的臭丫腺（臭角）。蛹体长约 30 毫米，淡绿色稍带暗褐色，纺锤形，前端的一对突起明显，呈“V”形，胸背有一尖锐突起。

（3）发生规律

一年发生 2 ~ 3 代，以蛹越冬。该虫有世代重叠现象，各虫态发生很不整齐，4 月至 10 月均有成虫、卵、幼虫和蛹出现。成虫白天活动，卵产于叶背或芽上，卵期约 7 天。初孵化幼虫为害嫩叶，将叶面咬成小孔，长大后常将叶片吃光，老叶片仅留下主脉，5 龄幼虫生食量最大，一日能食数枚叶片。遇惊动即伸出臭丫腺，放出恶臭气，以拒外敌。老熟幼虫停食不动，体壁发亮，并在枝干、叶柄等部位化蛹，蛹体斜立于枝干上，末端固定，顶端悬空，并有丝缠绕。

（4）防治方法

① 冬季清除越冬蛹。

② 发生比较轻微或个别树上有虫时，因其幼虫体大易见，越冬蛹挂在枝梢上，防治以人工捕捉为主。

③ 幼虫发生多时，可喷 50% 敌百虫 1 000 倍液或苏云金杆菌 1 000～2 000 倍液毒杀。

8.4.3 螨类

（1）为害特点

为害青花椒树的叶片、嫩芽和幼果的螨类主要为山楂红蜘蛛，也叫山楂叶螨。叶片受害时，山楂红蜘蛛群居叶背面，吐丝拉网，丝网上黏附微细土粒和卵粒；叶正面出现许多苍白色斑点，受害严重时，叶背面出现铁锈色症状，进而脱水硬化，全叶变黄褐色，枯焦，形似火烧。

（2）形态特征

雌成螨体卵圆形，长 0.55 毫米，体背隆起，有细皱纹，有刚毛，分成 6 排。雌虫有越冬型和非越冬型之分，前者鲜红色，后者暗红色。雄成虫体较雌成虫小，约 0.4 毫米。卵圆球形，半透明，表面光滑，有光泽，橙红色，后期颜色渐渐浅淡。

初孵化幼螨足 3 对，体圆形黄白色，取食后呈卵圆形浅绿色，体背两侧出现深绿色长斑。若螨体近卵圆形，足 4 对，淡绿色至浅橙黄色，体背出现刚毛，两侧有深绿色斑纹，后期与成螨相似。

（3）发生规律

该螨发育繁殖的适宜温度为 15 ~ 30 ℃，属于高温活动型。温度的高低决定了螨类各虫态的发育周期、繁殖速度和产卵量的多少。干旱炎热的气候条件往往会导致其大量发生。螨类发生量大，繁殖周期短，隐蔽，抗性上升快，难以防治。山楂叶螨一年发生 6 ~ 9 代，以受精雌成螨在树干翘皮下和粗皮缝隙内越冬，严重年份也可在落叶下、杂草根际及土缝中越冬。在青花椒发芽时开始为害，第一代幼虫在花序伸长期开始出现，盛花期为害最重。其交配后产卵于叶背主脉两侧，也可孤雌生殖，后代为雄虫。

（4）防治方法

由于该螨具有繁殖率高、适应性强、易产生抗药性等特点，生产中防治难度较大，要以休眠期防控为基础，重点抓住前期药剂防治，而后根据害螨发生情况，灵活掌握喷药方法。

① 人工防治。青花椒萌芽前，彻底刮除树干老皮、粗皮、翘皮，在主干上选一个光滑部位，将翘皮刮除一圈（宽约 5 厘米），然后涂 1 圈粘虫胶，阻止越冬雌虫上树产卵，认真清理椒园内的枯枝、落叶、杂草，并集中深埋或烧毁，消灭害螨越冬场所。生长季节注意清除园内杂草，特别是阔叶杂草；及时剪除树干和内膛萌发的徒长枝，减少害螨滋生场所，降低树上虫口数量。成虫越冬前，在树干基部、大枝基部绑草把，诱集越冬成虫，冬季集中烧毁，降低害螨越冬基数。

② 化学防治。在休眠期：硫制剂对各种害螨防治效果较好，在青花椒树萌芽前，应用 3 ~ 5 波美度石硫合剂或 20 号柴油乳剂 30 倍液，周密喷洒枝干。青花椒芽萌动后至发芽前，全园喷施 1 次 20% 四螨嗪（螨死净）可湿性粉剂 3 000 ~ 3 500 倍液、5% 噻

螨酮（尼索朗）乳油 2 000 ~ 3 000 倍液，杀灭树上越冬的各种害螨的越冬卵，喷杀螨剂时最好加 3 000 ~ 4 000 倍柔水通，能增加渗透黏着力，喷时应着重喷洒枝干及树冠下土壤和杂草等部位，喷雾必须均匀周到。

在生长期：在青花椒萌芽后至开花前和落花后 7 ~ 10 天害螨数量急剧增加，形成危害高峰，这两个时期是防治关键期。此期用药及时得当，可获得事半功倍的防治效果，后期再喷用 1 ~ 2 次药剂即可控制害螨全年为害。生长中后期，根据不同害螨发生趋势与状况，酌情决定喷药时间及次数，一般在平均每叶有活动螨 3 ~ 5 头时进行喷药。对螨类防治效果好的药剂有 1% 阿维菌素乳油 4 000 ~ 5 000 倍液、73% 的炔螨特（克螨特）乳油 2 000 ~ 4 000 倍液、25% 的哒螨灵（扫螨净）600 ~ 800 倍液、20% 的甲氰菊酯（灭扫利）乳油 3 000 ~ 6 000 倍液、5% 噻螨酮乳油 2 000 ~ 3 000 倍液、20% 四螨嗪可湿性粉剂 2 000 倍液、15% 哒螨灵乳油 2 500 倍液、50% 硫悬浮剂 400 倍液等喷雾。上述药剂应轮换使用，以防山楂红蜘蛛产生抗药性。喷药时，必须均匀周到，使内膛、外围枝叶，叶片正反面，树上枝条均匀着药，最好采用淋洗式喷雾；若在药液中加入柔水通 2 500 倍，杀螨效果更好。

③ 生物防治。当天敌数量与活动螨数量的比例在 1∶30 以下时，不需要进行化学防治，生产中要积极保护利用天敌，如捕食螨、六点蓟马、隐翅甲、小黑瓢虫、异色瓢虫、草蛉、食虫蝽、肉食螨等，通过天敌控制为害。

8.4.4 蚧壳虫

（1）为害特点

青花椒蚧壳虫是同翅目、蚧总科为害青花椒的蚧类统称，有草履蚧、桑盾蚧、杨白片盾蚧、梨园盾蚧等。蚧壳虫侵害植物的根、树皮、叶、枝和果实，常群集于枝、叶、果上，成虫、若虫以针状口器插入青花椒树叶、枝组织中吸取汁液，造成枝叶枯萎，甚至整株枯死，危害极大。

（2）形态特征

体型多较小，雌雄异型，雌虫固定于叶片和枝干上，体表覆盖蜡质分泌物或介壳。一般蚧壳虫产卵于介壳下，初孵若虫尚无蜡质或介壳覆盖，在叶片、枝条上爬动，寻求适当取食位置，2龄后，固定不动，开始分泌蜡质或介壳。

（3）发生规律

青花椒蚧类一年发生一代或几代，5月、9月均可见大量若虫和成虫。

（4）防治方法

由于蚧类成虫体表覆盖蜡质或介壳，药剂难以渗入，防治效果不佳，因此，蚧类防治重点在若虫期。生产中应抓好以下防治措施的落实，以提高防治效果。

① 认真清园。消灭在枯枝、落叶、杂草与表土中越冬的虫源。

② 人工防治。蚧壳虫自身传播扩散力差，在生产过程中，发现有个别枝条或叶片有蚧壳虫，虫口密度小时，可用软刷轻轻刷除，或结合修剪，剪去虫枝、虫叶。要求刷净、剪净，集中烧毁，切勿乱扔。

③ 药剂防治。冬季椒树休眠以后或早春萌芽前用5波美度的石硫合剂加适量白灰对其枝干进行刷白，以消灭越冬的蚧壳虫。在萌芽前喷施含油量5%的柴油乳剂（柴油乳剂的配制方法为柴油：肥皂：水=100：7：70，先将肥皂切碎，加入定量水中加

热，待完全融化后，再将已热好的柴油注入热肥皂水中，充分搅拌即成），有很好的防治效果。

休眠期在树枝上涂 30 ~ 50 倍的 95% 机油乳剂，也可先刮去颈干表皮再涂药，在离地 50 厘米处刮去一圈宽 10 厘米左右的表皮，深度稍达韧皮部，再用利刀纵割数刀，然后把药刷在刮皮处，药剂可用吡虫啉等，每厘米胸径用 10 ~ 20 倍稀释液 2 毫升左右。

蚧壳虫在若虫孵化后，先群居取食，爬行一段时间后即固定为害，一般固定 3 ~ 7 天后就可形成介壳，介壳形成后的几天体壁软弱，是药剂防治的关键时期。因而应在蜡质层未形成或刚形成时，选用渗透性强的药剂如 40% 啶虫・毒死蜱 1 500 ~ 2 000 倍液、40% 杀扑磷（速扑杀）1 000 倍液或 48% 毒死蜱（乐斯本）1 000 ~ 1 500 倍液、0.6% 苦参碱 800 倍液、40% 融蚧乳油 1 500 ~ 2 000 倍液喷雾防治，或用 40% 啶虫・毒死蜱 1 500 ~ 2 000 倍 +5.7% 甲氨基阿维菌，素苯甲酸盐（甲维盐）乳油 2 000 倍混合液防治效果更佳。发生期每 7 ~ 10 天喷一次，连续喷 2 ~ 3 次。由于蚧壳虫分布不均匀，可重点对蚧壳虫发生严重的树体喷药。

④ 保护和利用天敌。如捕食吹绵蚧的澳洲瓢虫，大红瓢虫，寄生盾蚧的金黄蚜小蜂、软蚧蚜小蜂、红点唇瓢虫等都是有效天敌，可以用来控制蚧壳虫的危害，应加以合理的保护和利用。

9 青花椒冻害与涝害预防

9.1 冻害预防与管理

青花椒树喜温不耐寒，特别在冬季因温度低，极易发生冻害，给生产造成重大损失。生产中要注意防冻，进行树体保护，促进生产效益提高。

9.1.1 冻害发生规律

冻害是青花椒生产中的主要灾害之一，在受灾轻的情况下，常发生小枝抽条，影响发芽、生长，花芽受冻，导致低产；受害严重时，常导致大树死亡。根据生产观察，其冻害发生有以下规律。

（1）冻害发生的时间

除特别寒冷的冬季出现极端低温天气外，一般在忽冷忽热的气候条件下极易发生冻害，特别是在霜冻和“倒春寒”的情况下，青花椒树最易受冻，主要是因为树体内的水分处于时冻时消的状态，抗寒力差。

（2）冻害频繁发生的地点

在低洼地及风口处的青花椒树最易发生冻害。低洼地冬季冷空气集结时间长；风口处，风大气温低，冻害发生频繁。

（3）最易发生冻害的年份

冻害常发生在冬季低温出现早且持续时间长的年份。冬季低温突然出现时，冻害发生率高。

（4）树体易发生冻害的部位

青花椒树的花、枝、主干、根颈、根系都易发生冻害，其中常见的是花芽冻害及根颈冻害。花芽抗冻力弱，冬季及春季起伏不定的气温常导致花芽受冻。根颈部停止生长最晚而开始生长活动最早，加之近地表温度变化也较大，所以根颈部易受低温及变温伤害，使皮层受冻。在青花椒枝条中，一般枝条越嫩，越容易受冻，一年生枝的抗寒性较二年生的差，二年生的较三年生的差。

（5）管理措施对冻害的影响

一般秋季浇水过多或秋雨频繁发生的年份，施氮较多时，枝条不能适期停长，当冬季低温出现时，生长不充实、木质化程度不高的枝条极易发生冻害。

9.1.2 冻害预防

（1）适地建园

园地应选在避风向阳、地下水位低、土层深厚处，避免在阴坡、风口、高水位和瘠薄地建园。

（2）幼树越冬保护

在年周期管理中采用前促后控的方法，使新梢适时停长并发育充实，增加营养物质积累，以提高抵御不良环境的能力。

（3）加强树体管理

增施肥料，适时浇水，合理修剪，及时防治病虫害，促进树体健壮，增强耐寒能力。肥水管理上做到前促后控，对旺长树在进入冬季前 30 ~ 40 天喷施 40% 乙烯利水剂 2 000 ~ 3 000 倍液 2 ~ 3 次，可促进组织充实。进入冬季，及时用波尔多液喷洒，既可防病又可为树体附着一层药膜而防冻。

（4）树干涂白

在冬季可用石硫合剂、生石灰、水按比例配制成涂白剂，涂刷大树树干及大枝，可有效减少冻害的发生。涂白剂一般用生石灰 5 份、石硫合剂 0.5 份、食盐 0.25 份（也可不加）、油脂 0.5 份（若现制现用可不加）、水 40 份配制而成。配制时要注意选用纯度高的细生石灰粉，要求生石灰色白、质轻、无杂质，硫黄粉越细越好。

涂白作业最好在秋季至初冬进行，可起到防冻、防日灼、防抽条的作用，春季开花前也可进行，涂后可起到防倒春寒的作用。在涂白前最好先将树体上的粗皮、老皮、翘皮、病斑刮除，然后涂白，以提高涂白剂附着力，增强渗透效果；涂白应在露水干后进行。

（5）覆盖法

用苇席、塑料薄膜、编织袋等覆盖在树冠顶上，既可阻挡外来寒气袭击，又可保持地温。幼树可用玉米、水稻等秸秆及麦草包树干 1 周，早春发芽前用草绳、塑料袋等将树捆起来。

（6）喷营养液或化学药剂防霜冻

① 喷果树防冻剂。在霜冻来临前 1 ~ 2 天，喷果树防冻液加 PBO 液（各 500 ~ 1 000 倍液），防冻效果较好。也可喷施自制防冻液（琼脂 8 份、甘油 3 份、葡萄糖 43 份、蔗糖 44 份、氮

磷钾等营养素 2 份，先将琼脂用少量水浸泡 2 小时，然后加热溶解，再将其余成分加入，混合均匀后即可使用），喷施浓度为 5 000 ~ 8 000 倍。

② 喷营养液。强冷空气来临前，对椒园喷施芸苔素 481、天达 2116 等，可以有效调节细胞膜通透性，较好地预防霜冻。

③ 喷施花椒防冻膨剂。花椒防冻膨剂是根据花椒生理生化特性，以适宜的微量元素和保水材料为主要原料，配合抑芽剂、生长调节剂等研制的复合制剂，具有防寒抗旱，保花保果的作用。在青花椒树上喷施后，通过延缓椒树春季萌发、调控花芽生长，增强抗逆性，从而提高青花椒产量和品质。一般在 3 月下旬至 4 月上旬，青花椒树“发芽—初花期”喷树冠 2 ~ 3 次，间隔 15 天左右，每瓶加水 15 千克喷用。

④ 在青花椒萌芽前喷低浓度的乙烯利或萘乙酸、青鲜素等水溶液，可以抑制花芽萌发，提高抗寒力。

9.1.3 冻害后补救措施

（1）充分利用好剩余的花，提高产量

冻害发生后，树体上剩余的花显得弥足珍贵，由于花芽所处的位置不同，花芽质量也有差异。在冻害发生后，会有部分开放时间晚、质量好的花避过冻害保存下来，由于开放较迟，通常情况下受冻较轻，对这部分花芽要充分利用，可通过喷施 0.3% 硼砂 +1% 蔗糖液、芸苔素 481 或天达 2116，确保其有效发育、正常结果，提高坐果率，促进产量提高。

（2）喷水

霜冻发生后及时对树冠喷水，可在一定程度上缓解霜冻的危害。

（3）喷生长调节剂

花期受冻后，在花托未受害的情况下，喷天达 2116 或芸苔素 481 等，可以提高坐果率，弥补一定产量损失。

（4）喷激素

霜冻发生后，及时喷 20 毫克 / 千克的赤霉素、600 倍 0.1% 噻苯隆可溶液剂（益果灵）或 3.6% 苄氨 · 赤霉酸乳油（宝丰灵）、0.2% 的硼砂、250 倍 PBO 等，可显著提高坐果率。

（5）加强土肥水综合管理

及时施用复合肥、硅钙镁钾肥、腐殖酸肥等，养根壮树，促进根系和果实生长发育，增加单果重，挽回产量，以减少灾害损失。

（6）加强病虫害综合防控

青花椒树遭受晚霜冻害后，树体衰弱，抵抗力差，容易发生病虫危害。对已受冻的椒树，裂皮和伤口处涂抹 1∶1∶100 波尔多液，防止杂菌侵染；对受冻干枯的枝梢，应于萌芽前后剪去枯死部分，剪口要平，剪后伤口涂抹 90% 机油乳剂 50 倍液，抑制水分蒸发。冬季清洁园内枯枝落叶，集中烧毁或深埋，降低锈病等病原菌的越冬基数。

9.2 涝害预防与管理

青花椒抗涝性差，根系好氧性强，极易发生涝害，生产中应加强预防。

9.2.1 涝害危害

青花椒园中出现积水时，可造成以下危害：由于根部缺氧会抑制有氧呼吸，产生和积累较多乙醇，致使根系中毒受害；光合作用大大下降，甚至完全停止；树体养分分解大于合成，使生长受阻，导致产量下降；土壤好氧细菌（如氨化细菌、硝化细菌等）的正常生长活动受到抑制，影响矿物营养供应；相反，土壤厌氧细菌（如丁酸细菌）活跃，使树体必需元素锰、锌、铁等易被还原流失，造成植株营养缺乏，导致根系损伤，叶、花、果失水，枯黄，脱落；在淹水条件下，树体内的乙烯含量增加，会引起叶片卷曲、偏上生长、脱落，根系生长减慢。一般静水的危害大，流动水的危害较小；污水危害大，清水危害小；气温高时危害大，气温低时危害小。

9.2.2 涝害预防

（1）园址选择

避免在低洼易涝、山间谷底、地下水位高处建园。

（2）土壤管理

土壤肥沃，树体健壮，有利于提高树体抗逆性，在受涝后可以减轻危害。

（3）土壤质地

一般选择通透性好，保水保肥能力强的壤质土，适宜青花椒树生长。

（4）土壤结构

团粒结构有利于青花椒树生长，行间进行适当间作，可增加土壤有机质，促进土壤团粒结构形成，增加树体养分供给能力，提高青花椒树抗旱耐涝能力。

（5）起垄覆盖

栽培时起垄栽植，尤其起垄并结合覆盖地膜的栽培模式，能增加根际土层厚度，促进树体生长，降低地下水位，提高防涝能力。

9.2.3 涝害后管理

（1）排水降湿

涝灾发生后，应及时挖排水沟，排除积水，恢复树体正常呼吸。

（2）扶树清淤

在积水排除后，应及时扶正歪倒的树，必要时设立支柱；消除根际淤泥淤沙，清洗枝叶表面污物，对裸露根系及时培土。

（3）全园松土散墒

在地皮发白时，及时进行树盘或全园耕翻，加速水分散发，恢复根系正常发育。

（4）叶面喷肥及土壤追肥

结合耕翻土壤施氮、磷、钾肥，同时叶面喷 0.3% 尿素 +0.3% 磷酸二氢钾，加快树势恢复。

（5）适度修剪

水灾后，剪去枯枝、病虫枝、密生枝、交叉枝、徒长枝，改善树体通风透光条件，提高叶片光合效能，增加养分积累。

（6）枝干保护

对裸露的枝干用石灰水刷白，以免太阳暴晒造成树皮开裂。

（7）病虫防治

雨后喷洒一次 10% 苯醚甲环唑（世高）水分散粒剂、甲基硫菌灵、多菌灵等高效杀菌剂，以控制病菌的滋生。

10 青花椒花果管理和采后处理

10.1 花果管理

10.1.1 落花落果现象

青花椒树落花落果有三个高峰期，第一次出现在花期末到子房膨大期，主要是由于花器官发育不全、生活力弱，花期遇冻害、持续阴雨、大风或高温等自然灾害，导致花脱落；第二次出现在花后 7 ~ 15 天，主要是由于蚜虫等为害严重，子房产生的激素不足，不能充分调动营养而导致幼果脱落；第三次出现在花后 20 ~ 40 天，幼果因为营养不良，可造成落果。

10.1.2 落花落果原因

（1）生理落果

青花椒有两次生理落果期，即花谢三分之二时和距第一次生理落果期 25 天左右的时候。生理落果严重时，会造成减产达 30%。生理落果不能完全杜绝，但可以通过使用保果药物来减轻生理落果程度。

（2）营养不足引起落花落果

青花椒开花及幼果发育需要大量养分，这时主要依靠树体上年贮藏的营养。如果营养不足，就会使其中一些发育较差的幼果（种子瘪弱），因其吸收营养物质的能力较弱而脱落。

（3）不良环境条件

如低温冻害、长期干旱、枝条过密、光照不足、雨水过多等原因造成落果。

（4）病虫害发生引起落果

青花椒在 4 ~ 5 月容易发生蚜虫、螨类等病虫害，不及时防治就会造成青花椒落果。

10.1.3 保花保果措施

（1）促进幼树成花

青花椒幼树可用 1 500 毫克 / 千克丁酰肼（比久）+800 毫克 / 千克乙烯利混合液喷施促花。

（2）防旱防涝

春夏季节气温较高，雨水缺乏，要及时浇水防旱。暴雨后及时排水防涝，防止雨后积水涝根，导致树死亡。花期气候不良时，可喷 0.004% 云大 · 芸苔素 2 000 倍液等保果剂，以促进坐果。

（3）增施肥料

入冬前施足基肥，保证花器官分化的营养供给，以促使形成优质花芽，提高结实能力。

在萌芽、现蕾、谢花后及时补充养分和水分以满足树体生长和结果对养分的需求。在果实膨大期，施高钾复合肥（切忌错施含氯或高氮复合肥），通过环状穴施入根部土壤中；在青花椒收获前 1 个月施足补养肥，恢复树势。同时，幼果期用 0.3% ~ 0.5%

硼砂 +0.4% 尿素 +0.3% 磷酸二氢钾混合液喷施叶面和果实，每隔 7 ~ 10 天喷 1 次，连喷 2 ~ 5 次，增加果实单粒重量，提高其品质。

（4）科学整枝修剪

培养易通风透光的自然开心形树形，及时剪除多余无用的新梢和内膛徒长枝，确保结果枝的养分分配，促进青花椒果实营养的需要。

（5）防治病虫害

青花椒落花落果期主要有锈病、蚜虫等病虫害，要随时检查，及时喷药防治。

10.2 果实采收

青花椒采收，是青花椒栽培的最后一个环节，也是极为关键的一个环节。因为采收时间、采收方法、制干方法，包装贮藏等，对青花椒的品质、外观表形和商品价值都有很大的影响。因此，采收人员、容器、运输车辆、采后处理、储藏环境存在的污染物和卫生状况都会影响到青花椒的质量安全。为了避免这些风险，青花椒生产过程中，作业人员在从事采收及采后作业时应清洗双手，并保持清洁；采收前 2 ~ 3 天，应对采收所用的剪刀、容器进行充分洁净，连续采收期间应定期进行清洗、维护，严禁使用化肥袋、工业包装袋等可能存在污染的容器。

采收的青花椒应及时晾晒，晾晒的场地应清洁无杂物，并有适当的围挡以阻止畜禽的进入；青花椒晾晒应铺垫洁净苇席、竹席，不得直接摊晾在水泥、柏油地面上；晾晒至含水量在 10% 左右时即可包装储藏，储藏的场所应保持洁净，无化学物质、挥发性物质；花椒储存库湿度 60% 以下、温度以 10 ~ 15 ℃为宜；青花椒运输过程中应保持车辆的清洁、干燥，严禁与有毒、有害、有腐蚀性、有异味的物品混运。针对采收及采后处理、储藏和运输过程应建立相应记录。只有在整个过程中，严格把关、充分重视，才能使青花椒丰产又丰收。

10.2.1 适期采收

青花椒果实在八成、九成成熟度时采收。从外观看，果面上的疣状腺点（俗称“油囊”“油包”）在太阳光的照射下发光、半透明，且果皮有光泽、油润感强时采收。这时采收，色泽鲜艳、出椒率高、麻香味浓郁，芳香油含量高。

不同地区、不同品种、不同立地条件，青花椒成熟期不同。需要根据青花椒品种、物候期特性等当地的实际情况，区别对待，认真鉴别，科学确定采收时间。如四川、重庆地区的青花椒采收采用的是采收修剪一体化技术，一般应在 7 月中旬前完成采收。

10.2.2 天气选择

青花椒采摘必须选择晴朗微风天气，早上露水退去后，尽早采摘。不能在阴雨天气中采摘，因为这样很容易引起青花椒“油囊”破裂，擦伤果面，在空气中被氧化后，颜色发黑，不仅降低青花椒的商品价值，而且也会影响青花椒的品质。

10.2.3 采收方法

到目前为止，青花椒采收还是以人工为主。采摘时，要做好准备工作，如采摘用的枝剪、防刺手套、遮阳伞、凳子、装果的塑料筐等；下枝后运到室内或树下阴凉处进行摘果，减少劳动强度，提高劳动效率；采果时要精细，一定要注意，尽量避免鲜果的碰撞和翻倒搅动，尽最大可能不损伤油囊和擦伤果面。同时，病虫果和渣物不能放入售卖果中；采摘的果实如果当天不能销售，必须装在透气塑料筐中存放或置于通风阴凉处晾开，晾开的厚度不能超过 40 厘米，时间不超过 3 天。

随着农村劳动力的减少，为避免人工采摘被青花椒刺扎伤，提高采摘效率，已研发出不同型号的青花椒采摘机。选用时，一定要注意其采摘原理，采摘过程中，考虑其会不会对鲜果腺点和果面造成损伤，会不会影响青花椒质量。在此前提下，可选用机械采摘，提高效率，降低成本。

10.3 采后处理

10.3.1 晾晒

（1）阳光暴晒

晾晒对青花椒品质，特别是色泽影响极大，采收后要及时晾晒，最好当天晒干，当天不能晒干时，要摊放在避雨处。阳光暴晒方法简便、经济实用且干制的果皮色泽艳丽，但不能直接放在水泥地面或塑料薄膜上，以免青花椒被高温烫伤后失去绿色光泽，应在竹席上晒；同时青花椒摊放厚度以 3 ~ 4 厘米为宜，每隔 3 ~ 4 小时用木棍轻轻翻动 1 次。但此法晒出的青花椒色泽没有用烘干机烘干的效果好，目前在四川、重庆等地，一般都采用带枝烘干或净椒烘干技术来干燥青花椒。

（2）机械烘干

随着技术的进步，为了避免由于天气原因造成的青花椒变色、变质，目前已研发出青花椒烘干机，如全自动直排式带枝烘干机和蓄能式闭环脱水自动化花椒烘干机等烘干机械。这些烘干机以煤、电、天然气和空气能为热源，解决了青花椒采收果穗速度慢、采收时间集中、劳动力难以满足的问题。烘干后的青花椒色泽大大提升，且有效保留了其挥发油和麻味素含量，开口率达到 90% 以上。

10.3.2 分级

（1）感官品质

青花椒感官指标包括色泽、外观、滋味、气味等特征，分级见表 4。

表 4　青花椒感官指标与分级（GH/T 1284-2020）

项目	一级		二级		三级		四级	
	干花椒	鲜花椒	干花椒	鲜花椒	干花椒	鲜花椒	干花椒	鲜花椒
色泽	有光泽、青绿或黄绿色	鲜绿色	浅青或黄绿色、有光泽	深绿色	浅青或褐青色	青绿色	褐青或棕褐色	黄红色
外观	粒大、均匀、油腺密而突出		均匀、油腺密而突出		均匀、油腺突出		油腺较稀而不突出	
滋味	麻味浓烈、持久、无异味		麻味较浓、持久、无异味		麻味尚浓、无异味			
气味	香气浓郁、纯正		香气较浓、纯正		具香气、较纯正			

（2）理化品质

青花椒的理化品质包括了杂质含量、水分含量、挥发油含量等，分级见表 5。

表 5　青花椒理化指标与分级（GH/T 1284-2020）

项目	一级		二级		三级		四级	
	干花椒	鲜花椒	干花椒	鲜花椒	干花椒	鲜花椒	干花椒	鲜花椒
开口椒（%）	≥ 90.0	—	≥ 80.0	—	≥ 70.0	—	≥ 60.0	—
含籽椒（%）	≤ 10.0	≤ 100.0	≤ 20.0	≤ 100.0	≤ 30.0	≤ 100.0	≤ 40.0	≤ 100.0
固有杂质（%）	≤ 1.0	≤ 10.0	≤ 2.0	≤ 20.0	≤ 3.0	≤ 30.0	≤ 5.0	≤ 40.0
挥发油（mL/100 g）	≥ 5.0	≥ 1.0	≥ 4.5	≥ 0.9	≥ 4.0	≥ 0.8	≥ 3.0	≥ 0.7
水分含量（%）	≤ 12.0	≤ 70.0	≤ 12.0	≤ 75	≤ 13.0	≤ 80.0	≤ 13.0	≤ 80.0
外来杂质（%）	≤ 0.1		≤ 0.2		≤ 0.3		≤ 0.5	
黑粒椒 + 劣质椒（%）	≤ 2.0							
总灰分（%）	≤ 10.0							
总砷（以 Ag 计，mg/kg）	0.5							
铅（以 Pb 计，mg/kg）	3.0							

10.3.3 包装

青花椒果实作为一种食品，果皮直接用来食用，因此，最怕被污染，在包装、贮存上要求比较严格。干燥后的青花椒经过分级，若不及时出售应将其装入新麻袋或在提前清洗干净并消过毒的旧麻袋中存放。如长期存放，最好使用双包装，即在麻袋的里面放一层牛皮纸或防湿纸袋，内包装材料应新鲜、洁净、无异味，这样既卫生、隔潮，还不易跑味。装好后将麻袋口反叠，并缝合紧密。然后在麻袋口挂上标签，注明品种、数量、等级、产地、生产单位与详细地址、包装日期和执行标准。也可用食品塑料袋包装。切记不要乱用旧麻袋或塑料袋，更不能用装过化肥、农药、盐、碱等的包装物装青花椒。所有包装材料均需清洁、卫生、无污染，同一包装内青花椒质量等级指标应一致。

10.3.4 贮藏

青花椒果实因怕潮、怕晒、怕跑味、极易与其他产品串味，比较难保管。所以，在贮存时，要选干燥通风、凉爽无异味的库房，防止潮湿、脱色、走味。鲜花椒一般保存温度为 0 ~ 5 ℃，干花椒一般保存温度为 –3 ~ 3 ℃。严禁与农药、化肥等有毒有害物品混合存放。

10.3.5 运输

在青花椒储存、搬运过程中，一定注意，尽量不要挤压、揉搓、擦伤青花椒果腺点和果面，特别是鲜花椒，这点尤其需要重视。运输中注意卫生，严禁与有毒、有异味的物品混装，严禁用含残毒、有污染的运输工具运载花椒。

附 录

附录 1　石硫合剂的熬制和使用方法

石硫合剂是一种常用的兼有杀螨、杀菌、杀虫作用的强碱性无机农药，可防治青花椒的锈病、螨类、蚧壳虫等多种病虫害，是一种高效低毒的农药，对人畜较安全，其熬制方法简单，成本低、效果好、实用性强。

1. 熬制方法

用 1 份新鲜生石灰、2 份细硫黄粉加 10 份水熬制而成，具体操作方法如下：

（1）熬制的时候先将水倒入大锅加热到 80 ℃，取出 1/3 倒入桶中溶解石灰，不需要搅拌，让其自行化开备用。

（2）取少量热水将少量细硫黄粉搅拌成糊状，倒入锅中，继续加热，用铲子不断搅拌，避免硫黄粉成团。

（3）水沸腾的时候（锅边起泡、硫黄层出现开花），可以把石灰液倒入锅中，倒入时将火调小，其余时间都要一直保持大火，一边熬制一边不停搅拌，始终保持锅中的药液沸腾。

（4）等待药液由黄色变深成红褐色（俗称香油色），药渣成黄绿色，就可以停火起锅，等待药液冷却过滤，去除药液中的杂质即称为石硫合剂。

2. 使用方法

（1）喷雾法。冬季和早春发芽前喷施 3 ~ 5 波美度石硫合剂，能有效防病治虫。

（2）伤口处理剂。在刮治的伤口上涂抹石硫合剂，能减少有害病菌的侵染。

（3）涂白剂。用生石灰 5 千克、石硫合剂 0.5 千克、食盐 0.25 千克、油脂 0.5 千克、水 40 千克配制树干涂白剂，在休眠期涂刷树干。

3. 注意事项

（1）生石灰的质量要好，选用色白、小块、优质的石灰，含杂质过多或者风化的石灰不适宜使用，一般要求含氧化钙 85% 以上，铁、镁等杂质要少。

（2）硫黄粉要细，越细越好，400 目（0.04 毫米）以上，在调制硫黄成糊状的时候，如果有结团的现象，先将其捣碎，再加少量热水用力搅拌均匀，块状或者粒状的硫黄不适合使用。

（3）铁锅要大，便于搅拌，不能使用铝制用品熬制，以免和硫黄发生化学反应，造成器具损坏。

（4）熬制期间火力要强、均匀，使得药液一直保持沸腾状态，但不能外溢，如有外溢可以加点食盐，食盐有增高沸点、减少泡沫的作用。

（5）熬制时间不宜过长或过短，一般石灰加入后，熬煮 30 ~ 40 分钟即可。

（6）原液和稀释液与空气接触后都容易分解，所以储存原液时要在液体表面加一层油（机油、柴油、煤油都可），用加盖的塑料桶盛放更好，可使药液与空气隔离，防止氧化，延长储存时间。稀释液不易储藏，宜随用随配。

（7）石硫合剂不能与怕碱药剂及波尔多液混用。在喷过石硫合剂后，要间隔 7 ~ 15 天才能喷波尔多液，喷过波尔多液后需间隔 15 ~ 50 天才能喷石硫合剂，否则易产生药害。

（8）石硫合剂有腐蚀作用，使用时应避免接触皮肤。如果皮肤或衣服沾上原液，要及时用水冲洗。喷雾器用完后也要及时用水清洗。

4. 稀释浓度的计算方法

石硫合剂的有效成分含量与相对密度（比重）有关，通常用波美比重计测得的度数来表示，即波美度。度数越高，表示有效成分含量越高。因此，使用前必须用波美比重计测量原液的波美度数，然后根据原液浓度和所需要的药液浓度加水稀释，也可以用下列公式按重量倍数计算：

加水稀释倍数 =（原液波美浓度 — 需要的波美浓度）/ 需要的波美浓度

附录 2　波尔多液配制方法

波尔多液是应用范围最广、历史最久的铜制廉价优良杀菌剂。

1. 配制方法

（1）根据防治需要配制不同的混合比例。

①石灰半量式波尔多液：硫酸铜、生石灰、水的比例是 1：0.5：200。此比例，药效较快，不易污染植物，附着力稍差，

多在生长前期使用。

②石灰等量式波尔多液：硫酸铜、生石灰、水的比例是1∶1∶200。

③石灰倍量式波尔多液：硫酸铜、生石灰、水的比例是1∶2∶200。

等量式和倍量式波尔多液，药效较慢、较安全、附着力强，会污染植物，多在生长中后期使用。

（2）配制时，取1/3的水配制石灰液，充分溶解过滤备用。

（3）取2/3的水配制硫酸铜液，充分溶解过滤备用。

（4）将硫酸铜液倒入石灰液中或将硫酸铜液、石灰液分别同时倒入同一容器中，并不断搅拌。质地优良的波尔多液为天蓝色胶体悬浮液，呈碱性，比较稳定，黏着性好。配制不好的波尔多液，沉淀很快，清水层也较多。注意加入溶液顺序，不能反倒，否则易发生沉淀。

2. 使用方法

（1）喷洒时间。在晴朗、无露水的时间喷洒，夏季在下午17时后喷洒，避开中午高温强光时分，以保证喷洒后叶片保持干燥，否则易灼伤叶片。

（2）喷药方法。细致全面，树干的上下、叶片的正反面、果实均要喷到喷匀。

3. 注意事项

（1）配制时，必须选用洁白成块的生石灰，硫酸铜选用蓝色有光泽、结晶成块的优质品。

（2）配制时不宜用金属器具，尤其不能用铁器，以防发生化学反应降低药效。

（3）配制后放置过久会发生沉淀，产生不定性结晶，降低药效。因此，波尔多液必须现配现用，不宜贮存。花期、花后、采果前30天不能使用，以防产生药害。药液中的重金属元素铜对人有害，喷药后需经25天以上才能采收。

（4）波尔多液是保护剂，应在青花椒发病前作预防使用，发病后再用一般效果不理想。

（5）波尔多液不能与石硫合剂、退菌特等碱性药液混合使用，使用间隔最少15天。

（6）喷完后及时漱口，用清水洗净接触过药液的皮肤。喷雾器用后立即清洗，然后倒挂。

附录3　青花椒管理周年历

时间	节气	物候期	栽培管理措施	病虫害防治措施
1月	小寒 大寒	休眠期	1. 整形修剪：幼树重在培养主枝和树形（自然开心形有主枝3～5个），结果树重在培养结果枝组，盛产期以疏除病虫枝、过密枝、重叠枝等为主，衰老树重在结果枝组和骨干枝更新复壮。 2. 土壤管理：早春改土、保墒、除草、松土。 3. 水肥管理：花前灌水1次，每株施尿素100克、过磷酸钙200克、硫酸钾100克（此用量为盛产期施肥量，下同，其他时期适当减少）。	1. 树冠喷洒3～5波美度的石硫合剂，清除枝条上的越冬病菌。 2. 将园内带病虫枝叶集中烧毁或深埋，减少病虫源。
2月	立春 雨水	萌芽前期		

续表

时间	节气	物候期	栽培管理措施	病虫害防治措施
3月	惊蛰 春风	萌芽期 花蕾期 展叶期 开花期 幼果期	1. 建园栽植：萌芽栽植或补栽，做到“三埋、两踩、一提苗”；栽植密度,标准化种植2米 ×3米，林下间种 3 米 ×4 米。 2. 圃地管理：播种、育苗、嫁接、除草，霜冻前做好防护措施：覆盖、喷洒防冻液。 3. 中耕除草: 结合施肥进行松土，采用化学除草剂适时除草。 4. 水肥管理：花后灌水 1 次，每株施尿素 100 克、过磷酸钙 200 克、硫酸钾 100 克。 5. 保花保果：开花前后喷 0.5% 硼砂 +0.5% 磷酸二氢钾水溶液各 1 次，提高坐果率。	1. 对树冠喷洒敌杀死 3 000 倍液消灭蓝橘潜跳甲。 2. 剪除枯萎的花序及复叶并及时烧毁或深埋以消灭跳甲。 3. 用斧或石头锤击流胶处，灭杀皮下吉丁虫幼虫；用刀尖挑刺，灭杀天牛幼虫。
4月	清明 谷雨			
5月	立夏 小满	果实膨大期	1. 苗圃管理：抹除砧木萌芽条、中耕除草。 2. 叶面追肥：喷洒 0.5% 尿素 +0.5% 磷酸二氢钾溶液 3 ~ 4 次，间隔 7 ~ 10 天喷一次。 3. 水肥管理：适时灌水、除草避免草树争肥水。 4. 整形修剪：抹芽、除萌、摘心和疏除过密枝、重叠枝和竞争枝，改善通风透光；对幼树采用“拉、别、压”等方法开张主枝角度至 50 度。	1. 早晨或下午树冠喷洒 5% 灭蚜净 3 500 倍液或 10% 吡虫啉可湿性粉剂 3 000 ~ 4 000 倍液防治蚜虫。 2. 树冠喷洒 2.5% 的功夫乳油 1 000 ~ 3 000 倍液消灭吉丁虫成虫。 3. 用钢丝钩杀天牛幼虫。 4. 叶面喷施 50% 杀螟松 1 000 ~ 1 500 倍液防治凤蝶幼虫。

续表

<table>
<tr><th>时间</th><th>节气</th><th>物候期</th><th>栽培管理措施</th><th>病虫害防治措施</th></tr>
<tr><td>6月</td><td>芒种
夏至</td><td rowspan="3">果实成熟期
采收期</td><td rowspan="3">1. 土壤管理：适时清除杂草，保持园地疏松无杂草。
2. 水肥管理：低洼易积水地，提前挖排水沟排水；土壤干旱应适时灌水；采收前或采收后 1 周内每株施尿素 250 克、过磷酸钙 500 克、硫酸钾 250 克。
3. 采收时期：果实油囊突起发亮、八成熟以上可采收。
4. 采收方式：高海拔地区应采用常规方式从果枝上摘下果穗；低海拔地区可剪下结果枝条后再从枝条上采摘果穗（8 月前选用该法）。
5. 整形修剪：采收前抹芽、除萌、摘心和疏枝；常规采收后结果枝应适度短截，剪下枝条采收时应留部分“引水枝”，并及时抹除多余的萌生枝；同时，回缩衰老枝。
6. 叶面追肥：采收两周后开始喷洒 0.5% 尿素 +0.5% 磷酸二氢钾溶液 3 ~ 4 次，间隔 7 ~ 10 天喷一次。</td><td rowspan="3">1. 晴天早晨或下午，人工捕捉天牛成虫和凤蝶。
2. 采收后喷洒石灰倍量式波尔多液防治落叶病。
3. 采收后喷洒 15% 粉锈宁 1 000 倍液防治叶锈病。</td></tr>
<tr><td>7月</td><td>小暑
大暑</td></tr>
<tr><td>8月</td><td>立秋
处暑</td></tr>
</table>

续表

时间	节气	物候期	栽培管理措施	病虫害防治措施
9月	白露 秋分	种子成熟期 采种期 封梢期	1. 枝梢控制：9月树体长势过旺或采收后萌生的目的枝梢生长过旺且长度达到40～50厘米时，叶面喷施适宜浓度多效唑或烯效唑，可缓和树势和控制旺长，缩短节间，提高越冬性能。 2. 种子采收：果皮变成暗红色或紫红色，部分果皮开裂可见黑色种子时采收，于阴凉通风处阴干。 3. 播种育苗：秋季育苗可随采随播，播后正常管理。 4. 水肥管理：每株施农家肥20千克、尿素50克、过磷酸钙100克、硫酸钾50克。 5. 树干涂白：高60厘米左右，用生石灰5千克、水40千克、食盐250克、油脂500克、石硫合剂500克配制。	1. 及时剪除枯枝，清除园内带病落叶集中烧毁。 2. 喷洒15%粉锈宁1 000倍液防治叶锈病。
10月	寒露 霜降			
11月	立冬 小雪	休眠期（生长缓慢期）	1. 枝梢管理：生长停止后对枝条进行截尖或摘心，同时对分枝角度不够或着生位置不好的枝条进行“拉、别、压”，加大分枝角度，增强光合作用，改善枝条结实性能。 2. 清园：清除杂草和枯枝落叶，剪除干枯枝、病虫枝。 3. 防寒：越冬前灌水、根部培土等。	1. 树冠喷洒3～5波美度的石硫合剂，清除枝条上越冬病菌。 2. 将园内带病虫枝集中烧毁或深埋，减少病虫源。 3. 清除枝干上的越冬虫蛹。
12月	大雪 冬至			

参考文献

张和义 . 花椒优质生产栽培 [M]. 北京：中国科学技术出版社，2017.

张炳炎 . 花椒病虫害诊断与防治原色图谱 [M]. 北京：金盾出版社，2006.

王有科，等 . 花椒栽培技术 [M]. 北京：金盾出版社，2008.

王华田，等 . 花椒良种丰产栽培技术 [M]. 北京：中国农业出版社，2020.

冯玉增，等 . 花椒丰产栽培实用技术 [M]. 北京：中国林业出版社，2011.

王田利，等 . 花椒高效栽培技术彩色图说 [M]. 北京：化学工业出版社，2020.

李典友 . 花椒栽培与病虫害防治技术 [M]. 北京：中国农业科学技术出版社，2021.

孙磊，等 . 花椒高效栽培技术与病虫害防治图谱 [M]. 北京：中国农业科学技术出版社，2019.

王加强 . 花椒 [M]. 北京：中国林业出版社，2020.

杨途熙，等 . 花椒优质丰产配套技术 [M]. 北京：中国农业出版社，2018.

张华 , 叶萌 . 青花椒的分类地位及成分研究现状 [J]. 北方园艺 , 2010（14）: 199-203.

杨朝远 . 绿色优质苹果生产技术指南 [M]. 郑州：中原出版传媒集团，中原农民出版社，2011.